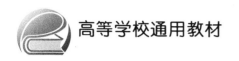
高等学校通用教材

# 微机电系统工程基础

蒋永刚　主　编
张力文　董海峰　陈华伟　张德远　副主编

北京航空航天大学出版社

## 内 容 简 介

本书作为微机电系统工程的入门教材,介绍微机电系统加工工艺及设计基础。全书共11章:第1章介绍微机电系统的概念、历史及发展趋势;第2章介绍微纳工程材料基础;第3章介绍光刻技术及其他先进图形化技术;第4章介绍表面微纳加工技术,包括热氧化与掺杂工艺、物理气相沉积、化学气相沉积和电铸技术;第5章介绍微纳刻蚀加工技术,包括湿法加工、等离子体刻蚀等;第6章介绍键合、封装工艺及其与集成电路的集成技术;第7章为微纳加工工艺综合,举例介绍典型结构的微纳加工工艺流程;作为微机电系统的设计基础,第8章介绍电子学与机械学的基本概念;第9章讲解换能器原理与典型材料结构;第10章以压力传感器为例介绍 MEMS 传感器设计;第11章简介微纳驱动器和执行器的基本原理与前沿应用案例。

本书具有很强的针对性、实用性和指导性,可以作为高等院校微机电系统工程专业的本科生及研究生教材,也可以作为从事微机电系统、微电子、传感器技术等专业工程技术人员的参考书。

**图书在版编目(CIP)数据**

微机电系统工程基础 / 蒋永刚主编. -- 北京 : 北京航空航天大学出版社,2023.6
 ISBN 978-7-5124-4022-7

Ⅰ.①微… Ⅱ.①蒋… Ⅲ.①微机电系统-高等学校-教材 Ⅳ.①TH-39

中国图家版本馆 CIP 数据核字(2023)第 013290 号

**版权所有,侵权必究。**

**微机电系统工程基础**

蒋永刚 主编

张力文 董海峰 陈华伟 张德远 副主编

策划编辑 蔡 喆　　责任编辑 龚 雪

\*

北京航空航天大学出版社出版发行

北京市海淀区学院路 37 号(邮编 100191)　　http://www.buaapress.com.cn
发行部电话:(010)82317024　　传真:(010)82328026
读者信箱:goodtextbook@126.com　　邮购电话:(010)82316936
北京九州迅驰传媒文化有限公司印装　各地书店经销

\*

开本:787×1 092　1/16　印张:10　字数:256 千字
2023 年 6 月第 1 版　2024 年 1 月第 2 次印刷　印数:501~1 500 册
ISBN 978-7-5124-4022-7　定价:39.00 元

若本书有倒页、脱页、缺页等印装质量问题,请与本社发行部联系调换。联系电话:(010)82317024

# 前 言

经过半个世纪的发展,微机电系统(MEMS)技术已广泛应用于传感器、精密仪器、航空航天、生物医学工程等各个方面。特别是近十年来,国内 MEMS 行业的产业化取得了长足的进步,声学传感器、压力传感器、红外传感器等都在国际市场上占据了一席之地。MEMS 是一个典型的多学科交叉领域,涉及机械工程、表面工程、半导体技术、力学、物理学、化学、电工电子技术等多方面的知识。面向微机电系统工程专业的教学,如何在有限的学时内将 MEMS 的初学者引入 MEMS 制造和设计的殿堂,是一个极富挑战性的难题。

一部适合学生基础的教材是实现高质量微机电系统工程专业教学的前提条件。国际上已有不少优秀的微机电系统工程方面的译著教材,然而国外教材偏重 MEMS 设计部分,工艺部分的比重偏少;复杂的设计内容对没有工艺基础的学生来讲,理解起来难度很大。国内外微纳制造方面的教材和专著一般仅关注某一领域的微纳制造技术,或者完全不涉及 MEMS 设计方面的基础知识,也不适合作为微机电系统工程基础这门课程的教材使用。

本书正是基于上述背景和原因编写的,力图融汇各个领域的微纳制造技术于一体,使读者通过阅读本书可以获得对微机电系统工程的全面认识。同时,讲解 MEMS 设计的基础力学和传感原理的知识,并以典型的传感器和驱动器为案例进行设计方面的介绍。因而,本书特别适合作为微机电系统工程、机械工程、仪器科学、微电子科学与技术等方向的本科生和研究生的专业教材,也可供对 MEMS 技术感兴趣的技术人员学习。

在本书的编写过程中,制造工艺部分大篇幅引用了编者自己 2015 年出版的《微纳米制造技术及应用》教材中的第三章和第四章的内容。在加工工艺等方面列举的一些加工案例,也有不少是编者工作过的日本东北大学 Esashi 教授实验室的独创成果。在微系统设计中,有些内容借鉴了清华大学董瑛老师翻译的《微系统设计导论》和东南大学黄庆安教授翻译的《微机电系统基础》的部分内容和结论。本书的部分章节是在作者广泛阅读大量参考文献的基础上编著而成的,使用他人论述或成果时,都力求说明相关的研究机构和作者。

全书共 11 章。第 1 章为微机电系统概述,由张德远、蒋永刚主笔;第 2 章 MEMS 材料基础、第 3 章光刻及图形转移、第 4 章薄膜制备与表面改性、第 5 章微纳刻蚀加工、第 6 章键合与封装技术、第 8 章微纳工程力学基础和第 10 章微系统设计:MEMS压力传感器由蒋永刚编写;第7章微纳加工工艺综合由董海峰主笔;第9章典型的MEMS传感原理和第11章微纳驱动器的原理和应用由张力文和陈华伟完成。全体作者参加了各章节的审阅和修改。感谢曹玉东同学参与了本书大量图表的绘制工作,也感谢北京航空航天大学一流本科课程建设经费的支持。

由于编者水平有限,书中的错误和不妥之处敬请广大读者批评指正。

编者

2023 年 5 月

# 目　录

| | |
|---|---|
| **第1章　微机电系统概述** | 1 |
| 1.1　微机电系统的概念 | 1 |
| 1.2　微机电系统工程的历史 | 3 |
| 1.3　微机电系统工程的发展趋势 | 6 |
| 练习题 | 8 |
| **第2章　MEMS材料基础** | 9 |
| 2.1　硅及其化合物 | 9 |
| 2.2　玻　璃 | 12 |
| 2.3　压电材料 | 13 |
| 2.4　磁性材料 | 14 |
| 2.5　形状记忆合金 | 15 |
| 2.6　光刻胶 | 16 |
| 2.7　有机聚合物材料 | 17 |
| 练习题 | 18 |
| **第3章　光刻及图形转移** | 19 |
| 3.1　光刻的基本原理与流程 | 19 |
| 3.1.1　光刻的基本原理 | 19 |
| 3.1.2　光刻的基本过程 | 19 |
| 3.1.3　光刻机 | 21 |
| 3.1.4　掩膜版 | 23 |
| 3.2　光刻分辨率及其影响因素 | 24 |
| 3.2.1　光刻分辨率 | 24 |
| 3.2.2　光刻分辨率的提升方法 | 24 |
| 3.3　纳米光刻技术 | 25 |
| 3.4　微纳压印技术 | 26 |
| 3.4.1　微纳压印原理与过程 | 26 |
| 3.4.2　热压印 | 27 |
| 3.4.3　紫外压印 | 28 |
| 3.4.4　软刻蚀压印 | 28 |
| 练习题 | 29 |
| **第4章　薄膜制备与表面改性** | 30 |
| 4.1　气体放电与等离子体 | 30 |
| 4.1.1　等离子体的产生 | 30 |
| 4.1.2　直流辉光放电 | 31 |
| 4.1.3　高频放电 | 32 |

## 4.2 物理气相沉积成膜(PVD) …… 33
### 4.2.1 蒸 镀 …… 33
### 4.2.2 溅 射 …… 38
### 4.2.3 PVD技术特点 …… 42
## 4.3 化学气相沉积成膜(CVD) …… 42
### 4.3.1 化学气相沉积 …… 42
### 4.3.2 热CVD …… 43
### 4.3.3 等离子体增强CVD(PECVD) …… 47
### 4.3.4 光CVD …… 48
### 4.3.5 原子层沉积(ALD) …… 48
### 4.3.6 金属有机化合物CVD(MOCVD) …… 49
### 4.3.7 金属CVD …… 50
### 4.3.8 功能材料CVD …… 50
### 4.3.9 CVD技术小结 …… 52
## 4.4 表面化学液相沉积成形 …… 52
### 4.4.1 表面电镀与电铸 …… 52
### 4.4.2 表面化学镀 …… 55
### 4.4.3 溶胶-凝胶法 …… 57
## 4.5 表面改性技术 …… 58
### 4.5.1 硅的热氧化 …… 58
### 4.5.2 热扩散 …… 59
### 4.5.3 离子注入 …… 59
## 练习题 …… 61

# 第5章 微纳刻蚀加工 …… 62
## 5.1 刻蚀基本原理与关键参数 …… 62
## 5.2 湿法刻蚀技术 …… 63
### 5.2.1 硅的各向同性湿法刻蚀 …… 64
### 5.2.2 硅的各向异性刻蚀 …… 65
### 5.2.3 $SiO_2$和SiN的湿法刻蚀 …… 66
### 5.2.4 其他材料的湿法刻蚀 …… 67
## 5.3 等离子体刻蚀技术 …… 68
### 5.3.1 等离子体机理 …… 68
### 5.3.2 反应性离子刻蚀 …… 70
## 5.4 气相刻蚀技术 …… 74
### 5.4.1 气相$XeF_2$的硅刻蚀 …… 74
### 5.4.2 气相氢氟酸的$SiO_2$刻蚀 …… 74
## 练习题 …… 75

# 第6章 键合与封装技术 …… 76
## 6.1 键合原理与技术 …… 76
### 6.1.1 阳极键合 …… 76

  6.1.2 直接键合 ·················· 77
  6.1.3 金属键合 ·················· 78
  6.1.4 玻璃浆料键合 ·············· 80
  6.1.5 树脂键合 ·················· 80
  6.1.6 等离子体辅助键合 ·········· 80
 6.2 化学机械抛光 ······················ 81
  6.2.1 CMP 的机理 ················ 82
  6.2.2 CMP 装置 ··················· 82
  6.2.3 CMP 的应用 ················ 83
 6.3 MEMS 封装 ························ 83
  6.3.1 MEMS 封装的点与分类 ······ 83
  6.3.2 晶圆级封装 ················ 84
  6.3.3 单芯片封装 ················ 85
  6.3.4 系统级封装 ················ 87
  6.3.5 MEMS 与 LSI 的融合 ········ 89
 练习题 ································ 90

## 第7章 微纳加工工艺综合 ················ 91
 7.1 眼动跟踪仪 ························ 91
 7.2 短程通信超声接收器 ················ 92
 7.3 薄膜谐振压电体滤波器 ·············· 93
 7.4 压电 MEMS 谐振器 ·················· 94
 7.5 压电 Lamb 波谐振器 ················ 96
 7.6 圆形微流体沟道制备 ················ 97
 7.7 无阀微泵 ·························· 98
 7.8 可调惯性开关 ······················ 99
 7.9 岛结构压力传感器 ·················· 102
 7.10 金属材料缺陷测量传感器 ·········· 103
 7.11 电容式微超声发生器与敏感器(CMUT) ···· 104
 练习题 ································ 107

## 第8章 微纳工程力学基础 ················ 108
 8.1 薄膜的力学性质 ···················· 108
  8.1.1 应力与应变 ················ 108
  8.1.2 薄膜的力学特性与本征应力 ·· 109
 8.2 典型 MEMS 结构 ···················· 111
  8.2.1 悬臂梁 ···················· 112
  8.2.2 圆形膜片 ·················· 112
 8.3 动态系统、谐振频率和品质因数 ······ 113
  8.3.1 动态系统和控制方程 ········ 113
  8.3.2 品质因数与谐振频率 ········ 114
  8.3.3 机-电系统的类比性与等效电路 ·· 115

8.4 微型化中的尺度效应 ········································································· 116
练习题 ······································································································ 117

# 第9章 典型的MEMS传感原理 ········································································ 118
## 9.1 压阻效应及其原理 ······································································· 118
### 9.1.1 电阻率与电阻 ································································· 118
### 9.1.2 硅压阻及压阻系数 ·························································· 119
### 9.1.3 压阻传感的测量电路 ······················································ 120
## 9.2 压电效应及其原理 ······································································· 122
### 9.2.1 压电效应及基本参数 ······················································ 122
### 9.2.2 压电传感的基本模式 ······················································ 124
### 9.2.3 压电传感应用 ································································· 125
## 9.3 静电效应及其原理 ······································································· 126
### 9.3.1 电容传感的基本原理 ······················································ 126
### 9.3.2 电容传感的测量方法 ······················································ 127
练习题 ······································································································ 128

# 第10章 微系统设计：MEMS压力传感器 ························································· 130
## 10.1 微系统设计的基本方法 ······························································ 130
## 10.2 压阻式压力传感器 ····································································· 131
### 10.2.1 压阻式压力传感器设计 ·················································· 131
### 10.2.2 压阻式压力传感器案例 ·················································· 132
## 10.3 其他MEMS压力传感器 ······························································ 134
### 10.3.1 电容式压力传感器 ························································· 134
### 10.3.2 硅谐振压力传感器 ························································· 135
### 10.3.3 光纤式压力传感器 ························································· 135
练习题 ······································································································ 136

# 第11章 微驱动器的原理和应用 ····································································· 138
## 11.1 微驱动器的分类与原理 ······························································ 138
## 11.2 微驱动器的案例 ········································································· 139
### 11.2.1 压电驱动 ········································································ 139
### 11.2.2 静电驱动 ········································································ 139
### 11.2.3 电磁驱动 ········································································ 141
### 11.2.4 电热驱动 ········································································ 142
### 11.2.5 形状记忆合金(SMA)驱动微机器人 ································ 144
### 11.2.6 流体驱动微机器人 ························································· 145
### 11.2.7 化学驱动 ········································································ 146
练习题 ······································································································ 147

# 参考文献 ······································································································ 148

# 第 1 章　微机电系统概述

现代制造技术正在使产品越来越趋向高精度、微型化、多级化方向发展，人类对自然物质的认识和改造经过漫长历史的发展，已经达到了微纳米尺度。目前国际上已经开始了基因组、量子计算机、超导、二维材料电子学等前沿科技的竞争，微纳科学与工程是科学技术的战略制高点。微机电系统技术既是探索微纳科学前沿的利刃，又是微传感器和微电子器件行业的基石。本章重点描述微机电系统的概念、历史和发展趋势。

## 1.1　微机电系统的概念

产品或系统的微小型化是制造领域永恒的追求。从 13 世纪起，制表工匠就开始尝试器件微型化的工艺。20 世纪 50 年代集成电路的发明揭开了半导体技术腾飞的序幕，"集成电路上可以容纳的晶体管数目大约每经过 18 个月便会增加一倍"的摩尔定律预言了集成电路半个世纪的指数增长模式。随后，微机电系统(MEMS)技术也随着硅传感器的发明登上制造技术史的舞台，形成了微机电系统工程的基本制造流程(见图 1.1)。微机电系统制造主要基于光刻、刻蚀、改性、成膜、键合等现有微纳制造工艺，面向系统的多传感器集成化、柔性化、大面积化等需求，在新材料集成、晶圆级封装、柔性电子制造新工艺方面不断取得突破。

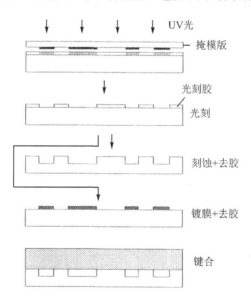

图 1.1　MEMS 的关键工艺流程

微机电系统是由微机械结构、微处理和控制电路组成的一体化微型器件或系统，用以实现传感、驱动、执行、能源、信息处理等功能。压力传感器、加速度计、微陀螺仪、数字微镜、喷墨打印头等 MEMS 产品已有广泛产业应用。20 世纪 90 年代，汽车安全领域的 MEMS 产品带来了第一次 MEMS 技术浪潮；2000 年前后消费电子产品引领了 MEMS 传感器的第二次高速发展；目前 MEMS 传感器已可以像人类的各种感觉系统一样，实现光学、声学、流体、惯性、压力、触觉、化学量等的各类传感(见图 1.2)，并随着物联网和人工智能时代的到来掀起了第三次发展浪潮。微机电系统制造技术与机械制造、表面工程、半导体工艺、仿生与生物制造等各个领域多重交叉，其技术手段也随着相关学科的发展而不断丰富。

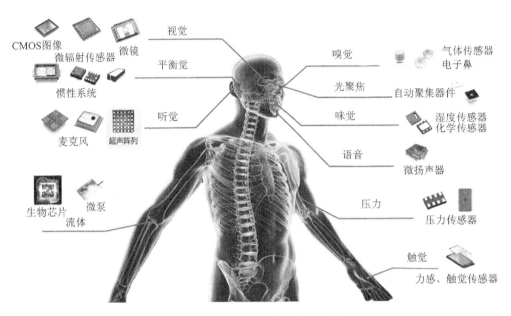

图 1.2　种类多样的微机电系统器件

MEMS 具有微型化、集成化和并行制造三个基本特征。

**(1) 微型化**

典型 MEMS 器件的长度尺寸通常在几微米到几毫米之间(当然，MEMS 阵列器件会大一些)。微型化的尺寸能带来高频率、高灵敏度、快速热响应等优点。例如，由于在微尺度热传递速度很快，喷墨打印机喷嘴的喷墨时间常数大约为 $20~\mu s$。此外，微型化使得在单个晶圆上可实现更多的器件，也带来低成本的优势。

**(2) 集成化**

MEMS 最独特的特点之一是可以将微机械结构的传感器和执行器与微处理电路和控制电路同时集成在同一块芯片上。集成方法包括单片集成和混合集成两种。把集成电路和传感部分集成为一个 MEMS 产品，可以大幅度降低传感器的噪音(如 Analog Devices 的加速度传感器)，提升执行器的综合性能(如德州仪器的数字微镜器件 DMD)。

**(3) 并行制造**

如图 1.1 所示的制造工艺流程，多个相同的器件利用并行的光刻、镀膜、刻蚀等工艺实现了并行制造。与传统的机械加工单个零件多步工序制造后进行组装是完全不同的策略。这种 MEMS 的并行制造方法，可以将多个相同的器件制造在同一晶圆上，而且保持了整片工艺的一致性和重复性，将大幅度降低单个器件的成本。

## 1.2 微机电系统工程的历史

20世纪50年代前后晶体管和集成电路的发明推动了半导体工艺的高速发展,作为集成电路的"胞兄弟",微机电系统技术随后也应运而生。参考Chang Liu教授在《Fundamental of MEMS》中对MEMS发展史的划分,编者认为MEMS技术经历了技术萌芽期(诞生—1990年)、高速发展期(1991—2000年)、集成技术期(2000—2010年)、交叉演化期(2011年—现在)。

### 1. 技术萌芽期(诞生—1990年)

1954年,Bell实验室的Smith发现了硅与锗的压阻效应,这为微型压力传感器提供了理论基础。1959年著名物理学家Richard P. Feyman在他的"There's Plenty of Room at the bottom"演讲中首次提出微系统化的概念。1966年美国西屋电气(Westinghouse)研究实验室的Havery C. Nathanson提出了一种基于谐振栅晶体管(RGT)的频率选择器件,并在IEEE Transactions on Electron Devices上发表了题为 *The Resonant gate transistor* 的文章,这被公认为是第一款真正意义上的MEMS器件。

1962年,各向异性刻蚀技术开始出现,并成为早期硅膜片制造的重要方法。1963年,霍尼韦尔和丰田开发出硅膜片压力传感器。1968年,阳极键合(又称静电力键合)技术诞生,其目前仍是MEMS封装的关键技术之一。

20世纪70年代,斯坦福大学MEMS研究中心开展了集成式气相色谱仪的研究。1978年,惠普公司发明了基于硅微加工技术的喷墨打印喷嘴。喷嘴阵列采用了微加热器加热产生气泡,气泡膨胀喷射出小墨滴的原理,利用硅微机械加工技术,可以实现排列的高密度化和高速热响应,对高分辨率打印非常重要。1977年,德州仪器(TI)也开始了DMD技术研究。

进入20世纪80年代,在微加工技术领域的研究者主要研究硅的应用——单晶硅衬底或者多晶硅薄膜。1984年,Petersen发表了一篇具有重要影响力的论文 *Silicon as a mechancial material*。这篇文章从20世纪90年代开始,直到现在仍被广泛引用。大约在1987年,美国开始使用MEMS这个名称。1989年,美国加州大学伯克利分校首次研制出基于表面微加工工艺的静电马达(见图1.3)。马达直径小于120 $\mu m$,厚度仅为1 $\mu m$,在350 V的三相电压驱动下可达到最大转速500 r/min。虽然当时这种马达的应用非常有限,但有效激发了科技界对MEMS的热情。同年,日本东北大学开发出晶圆级封装的压力传感器。

图1.3 美国加州大学伯克利分校的静电马达

## 2. 高速发展期(1991—2000年)

20世纪90年代是MEMS的高速发展期,各国政府和私人基金机构都设立基金支持MEMS的研究,一些公司前期的投入开始有了产出。随着汽车安全气囊的安装对加速度传感器的需求,美国Analog Devices公司生产的ADXL系列集成惯性传感器获得巨大成功(见图1.4),逐步形成了第一次MEMS技术浪潮。1993年左右德州仪器的DMD研制成功(见图1.5)。基于DMD器件的数字光处理器(DLP)是具有革命意义的产品,用于数字光学投影仪。1996年,美国密歇根大学研制出机械射频滤波器,开启了射频MEMS(RF-MEMS)的大门。MEMS滤波器具有固态RF集成电路器件所不具有的高性能。光学MEMS、生物MEMS、微流控芯片等领域也开始了迅猛发展。美国麻省理工学院开始了微喷发动机的研究,能源MEMS也逐渐成为一个重要的MEMS分支。

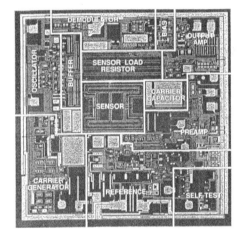
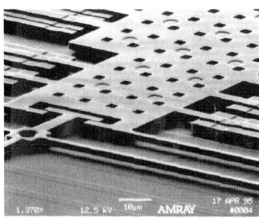

图1.4 美国Analog Devices的惯性传感芯片及其局部器件结构

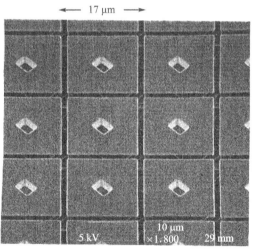

图1.5 美国德州仪器公司的数字光处理器及内部DMD局部结构

除了器件技术日新月异之外,90年代MEMS在加工技术方面还发展出深硅刻蚀(Deep

RIE)的工艺和装备。1993 年,德国 BOSCH 公司更是提出一种先进的深硅刻蚀方法,它利用 $SF_6$ 和 $C_4F_8$ 两种气体的周期性导入实现硅刻蚀和钝化的循环,从而实现极高深宽比的硅刻蚀,后被称为 BOSCH 工艺,是目前硅干法刻蚀的主流技术。同时,等离子体辅助键合技术也开始出现,拓展了异质衬底的低温键合能力。

### 3. 集成技术期(2000—2010 年)

进入 21 世纪,强大可持续发展的 MEMS 工业体系已经形成。特别是掌上电子、游戏机、手机等新消费市场的扩展,促进了 MEMS 产业的第二次浪潮的开启。惠普、德州仪器、Analog Devices、Freescale 等 MEMS 早期企业取得巨大商业成功,一些新的公司及其产品也受到普遍关注,如:MEMSIC 和 STMicroelectronics 的加速度计、InvenSense 公司的陀螺仪、SiTime 公司的硅时钟(见图 1.6)、Knowles 公司的声传感器等。射频器件蓬勃发展,安捷伦公司(Agilent Technologies)于 2001 年研制出 GHz 频段薄膜体声波谐振(FBAR)滤波器,并提出 FBAR 的概念。源于安捷伦的安华高(Avago Technologies)仍是现今 FBAR 产品最大的供应商。

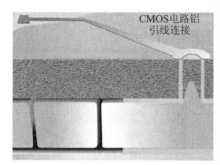
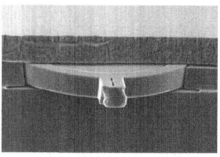

**图 1.6 美国 SiTime 公司的 CMOS 集成单晶硅谐振器**

在这个时期,在 MEMS 技术领域,面向 MEMS 商业化,MEMS 与 CMOS 的集成技术成为研究的前沿。2000 年,加州大学伯克利分校提出了基于多晶 SiGe 的 Post-CMOS 工艺,利用低温 SiGe 成膜技术,在 CMOS 芯片上进行后续 MEMS 结构的加工和封装。日本以东北大学为中心,成立了集成化 MEMS 研究中心,展开了由政府和企业资助的数百亿日元的集成电路和 MEMS 结构集成方法的系统研究,开发出集成化触觉传感器(见图 1.7)、集成化红外传感器、多束电子光刻系统等。中国台湾和韩国的 MEMS 学者也依托强大的集成电路制造产业基础,开展了 Post-CMOS 工艺的大量研究。

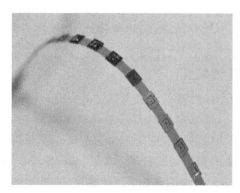

**图 1.7 日本东北大学的集成化触觉传感器**

### 4. 交叉演化期(2011—现在)

进入2011年之后,随着物联网、新一代通信和医疗电子的蓬勃发展,MEMS产品应用更为广泛。电子功能集成继续发展,MEMS加工方法和设备更加成熟。MEMS产业的竞争进入白热化,中国开始利用前期的技术积累和资本优势在MEMS产业领域占据一席之地,各地MEMS企业如雨后春笋,MEMS研发和工艺代工的生产线在各主要城市布局建设。在技术前沿方面,随着产业化的需求,封装技术的研究成为主流。在学术前沿方面,MEMS的研究者开始进一步深入先进医工、脑科学、柔性电子等学科交叉领域。其中,最主要的技术进步包括柔性电子转印技术和多材料微纳3D打印技术。

面向医工交叉的可穿戴与可植入电子器件,美国西北大学Rogers课题组发展出无机电子的柔性转印技术,实现了智能电子纹身用于脉搏、血压、血糖等的实时监测,发展出了瞬态电子的植入式器件(见图1.8),引领了柔性电子与MEMS结合的前沿方向。多材料微纳3D打印技术取得了革命性进步,美国加州大学洛杉矶分校郑小雨课题组实现了压电超材料晶格的打印,并将不同的晶格结构组合在一起,为微纳尺度的机器人本征感知与驱动提出了新方法。

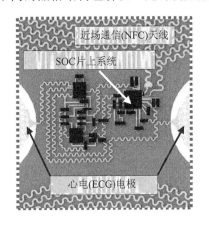
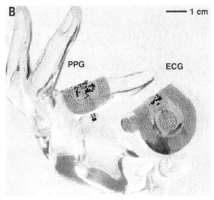

PPG:光电容积图　　ECG:心电图

图1.8　美国西北大学2019年研制的的多监测功能的婴儿护理柔性电子器件

## 1.3　微机电系统工程的发展趋势

随着科学技术的发展,传统产品的微细加工技术正在向集成化、复合化、智能化的先进微纳米制造技术方向发展,从而使传统产品形式不断向精细化、微型化、微系统化方向发展。微纳制造技术的发展趋势可归纳为以下三点。

### 1. MEMS产品的小型化、集成化、高性能化

传统产品的器件小型化、系统集成化可使产品性能得到突飞猛进的提升,并能拓展产品的使用范围,甚至推动行业或社会的革命性进步。插入血管机器人是日本早期微纳制造技术国家研究计划的标志性目标,将目前几毫米直径的微创手术探头缩小为1 mm以下,将使国际心脑血管疾病患者的死亡率显著降低。利用先进的集成封装技术,TDK InvenSense公司研制出的目前包含三轴加速度计、三轴陀螺仪和三轴电子罗盘的九轴惯性传感器(见图1.9),尺寸仅为3 mm×3 mm×1 mm,体现了MEMS技术产品对系统小型化、集成化和高性能化的极致追求。

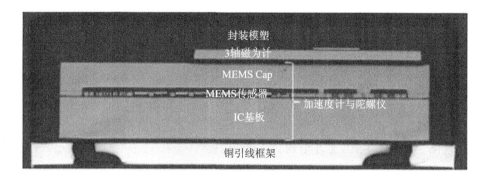

**图1.9 InvenSense公司的MPU9250九轴数字运动处理器封装结构**

## 2. 微纳加工的微细化、复合化、加工装配一体化

受产品微型化迫切需求的影响,传统机械加工与材料加工技术、特种加工技术、半导体加工技术正在向微细机械与材料加工、微细特种加工、硅微/非硅集成加工、纳米加工、微纳生物制造与仿生制造等先进微纳米制造技术方向发展,形成了不断壮大的微纳米制造工艺库。

**(1) 微细机械与材料加工技术**

虽然微细机械与材料加工技术的发展面临微工具、微模具、微机床、微工艺等一系列理论与技术上的挑战,但是由于其具有加工精度高、加工材料广泛等优势,因此依然具有长远的微纳制造应用前景。

**(2) 微细特种加工技术**

面对高硬/脆性材料,弱刚度、多尺度、超复杂等难加工微细结构,必须大力发展微细特种加工技术,如电火花/电解加工、高能束加工、超声载能加工等特种加工技术。由于特种加工引入了高能束、化学能、生物等特殊能量要素,因此其具备挑战传统机械与材料加工极限的先天优势。

**(3) 硅微/非硅集成加工技术**

传统半导体加工技术转为微机电系统(MEMS)制造手段具有集成化制造的固有优势,但需要不断拓展光刻、刻蚀、沉积、表面改性、键合等工序的材料和尺度极限,不断突破非硅材料微细加工与硅微加工工艺的集成技术。

**(4) 纳米加工技术**

纳米加工严格意义上是纳米尺度上的加工,各种加工方法都有可能实现纳米尺度的加工,但大部分常规加工方法目前还做不到有序可控、高效大面积的纳米尺度加工。从目前发展水平上看,主要依赖纳米级自组装技术实现有限结构的纳米加工。

**(5) 微纳生物制造与仿生制造技术**

这是一个生物学科与机械学科交叉的新型制造领域,包括直接借助生物形体与过程的生物形式制造(即生物加工成形)、再造生物结构与过程的组织与器官制造、模仿生物与过程的机械仿生制造、融合生物与过程的生机电系统制造。这一制造技术的特点是结构复杂、功能耦合、学科交叉。

## 3. 产品微结构的材料、结构与功能/智能一体化

为了使产品具有更好的性能、更多的功能、更强的自适应性,产品微结构越来越趋向于多

材料/多级结构复合化、结构与功能/智能耦合一体化。特别是随着多材料微纳 3D 打印技术的进步,包含结构、传感、驱动多功能并一体化制造的案例不断涌现。随着产品结构复杂度需求越来越逼近于自然生物结构,产品制造对生物制造与仿生制造的依赖程度将不断得到加强,产品零件与结构的界限也将变得越来越模糊。

# 练习题

1.1 在网上查阅 MEMS 专业期刊和会议:
(1) IEEE/ASME Journal of Microelectromechanical Systems;
(2) Sensors and Actuators;
(3) Microsystems and Nanoengineering;
(4) IEEE Annual International conference on micro electro mechanical systems。
总结出这些期刊和会议关注的具体方向,并选择一个期刊在最新的一期上查阅出一篇你感兴趣的 MEMS 相关论文,对该论文做简要描述。

1.2 调研 MEMS 领域的市场发展前景,写一份 2 页的总结。

1.3 对你个人所使用的手机上的 MEMS 产品进行详细的调研,写一份 PPT 形式的展示报告。

1.4 查找至少两家公司的两种压力传感器产品性能表,从转换原理、灵敏度、动态范围、噪声、功耗和销售价格等方面进行比较。

1.5 举出案例分析论证你认为的微机电系统发展趋势。

# 第 2 章　MEMS 材料基础

## 2.1　硅及其化合物

我们生活的时代被称作"硅时代",因为全球制造的半导体的 95% 以上、集成电路的 99% 都是用硅晶体材料制造的。MEMS 微传感器也大部分都是由单晶/多晶硅、氧化硅、氮化硅、碳化硅等硅系薄膜材料构成的。集成电路技术和微机电系统的根本区别在于:在集成电路中,硅基板或硅薄膜被用作功能材料,而在微机电系统中,硅常被用作结构材料。单晶硅具有很高的结晶度,在微纳尺度仍具有很稳定的力学性能,因而在微驱动器、微传感器、光开关中被广泛用作结构材料。图 2.1 所示为通过直拉法实现的硅晶锭及硅晶圆。单晶硅通常利用直拉法实现硅晶锭。直拉法是一种采用小的籽晶缓慢地从熔体中垂直拉制出大直径单晶锭的技术。具体工艺包括:引晶、放大、转肩、等径生长、收尾等。常用的直拉法装置如图 2.2 所示。

图 2.1　硅晶锭与硅晶圆

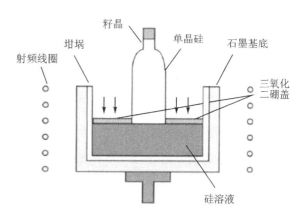

图 2.2　直拉法形成硅晶锭的过程

**1. 单晶硅的晶格结构**

硅晶体的结构特点是每个原子周围都有四个最近邻的原子(共用电子),组成正四面体结构。这四个原子分别处在正四面体的顶角上,任一顶角上的原子和中心原子各贡献一个价电子为该两个原子所共有,即为"共价键"。这样,每个原子和周围四个原子组成四个共价键。上述正四面体累积起来就得到金刚石结构(见图 2.3)。

**2. 硅的力学性能**

单晶硅在室温下是线性弹性体,当受到外部应力时,不发生塑性变形在弹性变形下直接被破坏,因此,掌握硅的弹性性能变得非常重要。正交各向异性材料在弹性主方向上,材料的弹性特性是相同的,而且三个结晶主轴等价,所以单晶硅有三个独立的弹性常数。其弹性应力应变关系由广义胡克定律确定。

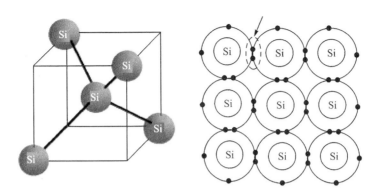

**图 2.3 晶硅的晶体结构**

$$\{\varepsilon'\} = [S]\{\sigma'\} \qquad (4-1)$$

其中,$\varepsilon'$和$s'$分别是局部坐标系下的应变和应力,$[S]$为弹性顺度系数,形式为

$$[S] = \begin{bmatrix} S_{11} & S_{12} & S_{12} & 0 & 0 & 0 \\ S_{12} & S_{11} & S_{12} & 0 & 0 & 0 \\ S_{12} & S_{12} & S_{11} & 0 & 0 & 0 \\ 0 & 0 & 0 & S_{44} & 0 & 0 \\ 0 & 0 & 0 & 0 & S_{44} & 0 \\ 0 & 0 & 0 & 0 & 0 & S_{44} \end{bmatrix} \qquad (4-2)$$

对单晶硅来说,$S_{11}=0.768$,$S_{12}=-0.214$,$S_{44}=1.26(10^{-11}\text{Pa}^{-1})$,所以主轴方向的杨氏模量为 $E_{[001]}=E_{[010]}=E_{[100]}=130.2\text{ GPa}$,剪切弹性系数 $G_{[100]}=G_{[010]}=G_{[001]}=1/S_{44}=79.4\text{ GPa}$,泊松比 $n_{[001]}=n_{[010]}=n_{[100]}=-S_{12}/S_{11}=0.279$。已知以上三个独立的弹性顺度系数,通过坐标变换可以获得任意方向的弹性系数。

硅作为结构材料使用时其破坏形式在室温下主要为脆性破坏,破坏强度主要取决于内部缺陷的组合。硅的破坏强度还受试验片的尺寸、表面粗糙度及试验方法的影响。微纳尺度的硅系薄膜材料的机械性质的评价方法主要包括拉伸实验法和弯曲实验法。拉伸实验法能对试验片整体施加均一的应力,如果能解决应变的测量精度问题,可以高精度实现机械性能的评价。弯曲实验法能比较容易测量变形量,但试验片内部产生应力梯度,所测破坏强度具有较大试验片尺寸依存性。国际著名研究机构所测硅及多晶硅的机械性能如表 2.1 所列。

### 3. 硅的压阻效应

压阻效应是指当材料受到应力或应变作用时,电阻率发生变化的现象。压阻效应是 C. Smith 在 1954 年对硅和锗的电阻率与应力变化特性测试中发现的。单晶硅在外力作用下,晶格结构发生畸变,导带和价带的能级结构发生变化,从而引起载流子迁移率的变化,从而引起宏观的电导率变化。压阻效应被用来制成各种压力、应力、应变、加速度传感器,把力学量转换成电信号。

单晶硅的压阻系数因不同晶向而变化,而且随掺杂浓度和温度的变化而变化。室温下 n 型和 p 型单晶硅的压阻系数如表 2.2 所列。

表 2.1 单晶硅和多晶硅的机械性能

| 材料 | 晶向 | 试片厚度/μm | 试验方法 | 杨氏模量/GPa | 断裂强度/Pa | 研究机构 |
|---|---|---|---|---|---|---|
| 单晶硅 | <100> | 14～21 | 拉伸<br>三点弯曲 | 120<br>131 | | 名古屋大学 |
| | | 10 | 拉伸 | 142±9 | 1.73 | Uppsala 大学 |
| | | 16～30 | 悬臂弯曲 | 130 | 1.0～3.6 | 惠普 |
| | <112> | 30<br>45～62 | 悬臂弯曲<br>三点弯曲 | 165 | 2.0～6.0<br>1.0～2.0 | 京都大学 |
| | <110> | 14～21 | 拉伸<br>三点弯曲 | 157<br>170 | | 名古屋大学 |
| | | 2～5 | 拉伸 | 169±3.5 | 0.66～1.22 | U.C.L.A. |
| | <111> | 14～21 | 拉伸<br>三点弯曲 | 180<br>181 | | 名古屋大学 |
| 多晶硅 | | 2 | 悬臂弯曲 | 130 | | 巴塞罗那大学 |
| | | 2.0 | 拉伸 | 165.7±5 | 1.00±0.1 | 加州理工大学 |

表 2.2 室温下单晶硅的压阻系数

| 掺杂类型 | 电阻率/($\Omega \cdot cm$) | 压阻系数/($10^{-11} \cdot Pa^{-1}$) | | |
|---|---|---|---|---|
| | | $\pi_{11}$ | $\pi_{12}$ | $\pi_{44}$ |
| n | 11.7 | −102.2 | 53.4 | −13.6 |
| p | 7.8 | 6.6 | −1.1 | −138.1 |

## 4. 硅的化合物

在集成电路加工中,还会利用到 $SiO_2$、$Si_3N_4$ 等硅的化合物,分别作为不纯物扩散和氧化的阻挡层。$SiO_2$、$Si_3N_4$ 等硅的化合物都是好的绝缘材料,用作集成电路或微机电系统的绝缘层。$SiO_2$、$Si_3N_4$ 和 SiC 都因其机械和理化特性的不同,在微系统加工中获得更广泛的应用。$SiO_2$ 通常可以通过热氧化的方式成膜,要求膜厚比较厚的场合一般用化学气相沉积的成膜方法。$Si_xN_y$ 和 SiC 一般用化学气相沉积的方法成膜,其机械和理化特性随加工条件而略有变动,基本性能如表 2.3 所列。

表 2.3 硅的化合物的机械和理化性能

| 材料 | 密度/($kg \cdot m^{-3}$) | 熔点/℃ | 热传导率/($W \cdot m^{-1} \cdot K^{-1}$) | 热膨胀系数/($10^{-6} \cdot K^{-1}$) | 介电常数 | 杨氏模量/GPa |
|---|---|---|---|---|---|---|
| $SiO_2$ | 2 200 | 1 713 | 1.4 | 0.5 | 3.8 | 57～85 |
| $Si_3N_4$ | 3 100 | 1 900 | 20 | — | | 304 |
| SiC | 3 216 | 3 070 | 110 | 3.3 | 2.6 | 440 |

## 2.2 玻　璃

**1. 玻璃基板**

玻璃是一种较为透明的固体物质,在熔融时形成连续网络结构,冷却过程中粘度逐渐增大并硬化为不结晶的硅酸盐类非金属材料。玻璃主要应用在光学领域,特别是可见光范围内,现在已经在红外到紫外广泛的范围内得到应用。例如光通信中必不可少的光纤,就是利用了在 1.55 $\mu m$ 的波长时送信损失最小的石英玻璃($SiO_2$);半导体加工中光刻等工艺的光学系统中,就使用了对 i 线(0.35 $\mu m$)等紫外光源透光性好的 $CaF_2$ 结晶玻璃。在微系统领域,多利用硼酸盐玻璃(Pyrex Glass)和硅的阳极键合技术实现对微系统的气密性封装。此外,由于玻璃具有透明、生物兼容性好的特性,也被用做微流体芯片加工的基板材料。

**2. 玻璃的微细加工**

在微系统应用中,玻璃的微细加工主要有湿法刻蚀、反应性等离子体刻蚀等。此外,激光加工和喷砂加工也用于对表面粗糙度和精度要求不高的微孔和微槽加工中。

湿法刻蚀主要利用的是氢氟酸溶液对 $SiO_2$ 的化学腐蚀作用,Cr 是最常用的掩膜层。高浓度氢氟酸(如 49%HF)虽然对玻璃的刻蚀速度极快,但也容易使光刻胶剥离而失去作为掩膜层的效果,因而在微系统加工中较为少用。缓冲氢氟酸腐蚀(BHF)又称缓冲氧化物腐蚀(BOE),是玻璃和 $SiO_2$ 加工中最常用的湿法刻蚀方法,它由 40% $NH_4F$(缓冲剂)和 49% HF 按照 5:1 的质量比混合而成。由于它能保持 HF 分子和 $HF_2$ 的浓度,因此更容易实现稳定的刻蚀速度,特别是当溶液温度保持在 30~60 ℃时。其化学反应式为

$$SiO_2 + 4HF + 2NH_4F \rightarrow (NH_4)_2 SiF_6 + 2H_2O$$
$$SiO_2 + 3HF_2^- + H^+ \rightarrow SiF_6^{2-} + 2H_2O$$

基于 F 系等离子体的的反应性等离子体刻蚀也是玻璃微加工的重要方法,目前 CHF3/Ar、$CF_4$/Ar、CF4/$O_2$ 等都可以用于玻璃的 RIE 加工中,但实验表明其刻蚀速度都在 10 nm/min 的级别。日本 Toyo University 的研究者利用 ICP-RIE 装置,在 500 W 的射频功率下,利用 $SF_6$/Ar 混合气体实现了 1 mm/min 左右的玻璃高速刻蚀(见图 2.4)。玻璃作为一种含有金属氧化物的材料,其刻蚀粗糙度的提高也是一个难题。日本东北大学李莉等通过调节 $SF_6$/Xe 的流量比,在 0.1 Pa 的工作气压、$SF_6$/Ar 的流量比为 1:1 的条件下实现了 5.9Å 的低表面粗糙度玻璃加工(见图 2.5)。

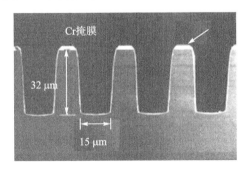

图 2.4　玻璃的高速 RIE 刻蚀的样品形貌

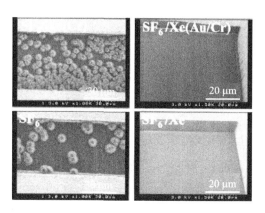

图 2.5 玻璃刻蚀中的粗糙度改善

## 2.3 压电材料

**1. 压电特性概述**

1880年,法国物理学家居里兄弟发现,把重物放在石英晶体上,晶体某些表面会产生电荷,电荷量与压力成比例。这一现象被称为压电效应。随即,居里兄弟又发现了逆压电效应,即在外电场作用下压电体会产生形变。压电效应的机理是:具有压电性的晶体对称性较低,当受到外力作用发生形变时,晶胞中正负离子的相对位移使正负电荷中心不再重合,导致晶体发生宏观极化,而晶体表面电荷面密度等于极化强度在表面法向上的投影,所以压电材料受压力作用形变时两端面会出现异号电荷。反之,压电材料在电场中发生极化时,会因电荷中心的位移导致材料变形。

晶体根据其对称性可以分为32个晶族,绝缘性的晶体根据其极性、非极性可以分为压电材料、热释电材料和铁电材料(见图2.6)。具有自发极化特性的晶体材料是热释电材料,其自发极化是由于物质本身的结构在某个方向上正负电荷中心不重合而固有的极化。铁电材料是热释电材料中的一类,其特点是不仅具有自发极化,而且在一定温度范围内,自发极化偶极矩能随外施电场的方向而改变。铁电材料的极化强度P与外施电场强度E的关系曲线为电滞回曲线。

**2. 常用压电材料**

微系统中常用的压电材料包括 PZT(锆钛酸铅)、水晶、LiNbO₃(铌酸锂)、AlN、ZnO 等压电单晶或薄膜,以

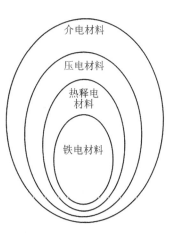

图 2.6 介电材料分类

及 PVDF、P(VDF-TrFE)等压电树脂,其压电特性如表2.4所列。PZT 压电陶瓷是将二氧化铅、锆酸铅、钛酸铅在1 200 ℃高温下烧结而成的多晶体,因其具有很大的压电系数和机电耦合系数,因而广泛应用于微驱动器的制备中。水晶作为一种压电单晶材料,割成单晶片后制成的谐振器、滤波器,具有较高的频率稳定性,频率误差可小至 $10^{-9}$ 以内。此外,利用微加工技

术制作的水晶共振子(QCM)可以用于微小质量和膜厚变化的测量,在真空蒸镀仪、化学反应器等设备或仪器中获得广泛应用。AlN 和 ZnO 可以在低温(450 ℃以下)通过溅射等方法成膜,具有和 CMOS 电路集成化的潜力,还具有较高的声速密度比,因而多用于制作超高频(高于 1 GHz)体声波薄膜共振子(FBAR)器件,以实现高频的滤波器、谐振器。铌酸锂 $LiNbO_3$ 是一种铁电晶体,居里点 1 140 ℃,自发极化强度 $50×10^{-6}$ $C/cm^2$。经过畸化处理的铌酸锂晶体具有压电、铁电、光电、非线性光学、热电等多性能的材料,同时具有光折变效应,在表面声波器件(SAW)应用广泛。

PVDF(聚偏氟乙烯)是一种新型的高分子聚合物型压电材料。1969 年日本的 H. Kawai 发现聚偏二氟乙烯 PVDF 在高温高电压下极化后可产生压电性。PVDF 试样通常是晶体与非晶体的混合物,结晶度一般在 50%左右。它可以形成四种得到普遍承认的不同晶体结构,分别被命名为 α、β、γ、δ 相。其中 α 相是能量最低、最稳定的结构,所以 PVDF 在自然情况下形成薄膜时通常都形成 α 相,但是只有全反式结构的 β 相晶体薄膜才具有压电性能。为了提高PVDF 试样的结晶度,最常用的方法是引入 TrFE 三氟乙烯,TrFE 单体的存在超过一定量之后,可以使共聚物直接结晶成与 β 相类似的具有全反式结构的单一极化结晶相,而且结晶度可以超过 90%。由于 PVDF、P(VDF-TrFE)具有很高的压电电压系数,并具有柔性的特点,因此在柔性传感器、振动能量采集等方面获得了初步应用。

表 2.4 压电材料特性

| 材料 | 密度 /(g·cm$^{-3}$) | 介电常数 /($e_{33}^E·e_0^{-1}$) | 居里温度 /℃ | 压电电荷系数/(pC·N$^{-1}$) | | 压电电压系数/($10^{-3}$Vm·N$^{-1}$) | |
|---|---|---|---|---|---|---|---|
| | | | | $d_{31}$ | $d_{33}$ | $g_{31}$ | $g_{33}$ |
| PVDF#1 | 1.76 | 13 | — | 23 | −33 | 260 | −373 |
| PVDF#2 | | | | 7 | −20 | 79 | −226 |
| PZT-5 | 7.3 | 232 | 320 | −11 | 98 | −3.8 | 34 |
| Quartz | 2.65 | 4.5 | 573 | −2.0 | 2.0 | −50 | 50 |
| LiNbO3 | 4.7 | 29 | 1210 | −0.8 | 6.0 | −3.3 | 23 |

注:PVDF#1,单轴拉伸的 PVDF;PVDF#2,双轴拉伸的 PVDF。

## 2.4 磁性材料

### 1. 磁性材料的分类与特点

磁性材料一般可分为硬磁性材料和软磁性材料两类。硬磁性材料(永磁体)指磁化后能长久保持磁性的材料,即在外磁场撤去以后,各磁畴的方向仍能很好地保持一致,物体具有很强的剩磁;常见的有高碳钢、铝镍钴合金、钛钴合金、钴铂合金、钕铁硼(NdFeB)等。软磁性材料指磁化后,不能保持原有磁性的材料,即外磁场撤去以后,磁畴的磁化方向又变得杂乱,物体没有明显的剩磁,如软铁、镍、铁镍合金等,一般用来制造变压器、电磁铁等。在微系统领域,硬磁性材料主要用于电磁驱动器、惯性传感器、电磁发电机、振动能量采集器等器件中;而软磁材料在微电感、微变压器、磁场传感器等方面广泛应用。

## 2. 磁性材料的微加工方法

磁性材料的厚膜化技术一直是影响磁性材料在微系统领域应用的关键技术难题。磁性材料的成膜技术主要有电镀、溅射两类。软磁材料由于具有强透磁率,普通磁控溅射方式受到很大的限制。磁场几乎完全从其中通过,不可能形成平行于靶平面的较强磁场,因而沉积速率较低。要实现低温高速溅射镀膜有特殊的要求,对向靶直流溅射是高速溅射 Ni、NiFe 等磁性的常用方法。微加工可实现的磁性材料及其特性见表2.5。

磁性材料的微细加工方法主要有模板法和刻蚀法两类,刻蚀法又分为湿法刻蚀和干法刻蚀两种。NdFeB 作为一种强磁性材料,在电磁微机电系统领域有广泛的应用。日本科学技术振兴机构蒋永刚等人开发的 NdFeB 强磁场溅射成形装置,可以在4寸基片上实现 NdFeB/Ta 的交替多层薄膜,厚度可达 20 μm。NdFeB 薄膜的加工可采用 Ar+$Cl_2$ 等离子刻蚀,也可以在预刻蚀的硅模板上,溅射 NdFeB,再研磨平坦化的加工工艺(见图2.7)。

表 2.5 磁性材料特性

| 材料 | 工艺 | 密度 /(g·cm$^{-3}$) | 居里温度 /℃ | 透磁率 /(H·m$^{-1}$) | 残磁量 $B_r$ /T | 矫顽磁力 $H_{cJ}$ /(kA·m$^{-1}$) |
|---|---|---|---|---|---|---|
| NdFeB | 烧结 | 7.4 | 310 | — | 1.4 | 1114 |
| CoPt | 电镀 | — | — | — | 0.62 | 374 |
| Ni | 冶炼 | 7.81 | — | 600 | | |
| NiFe | 电镀 | 8.25 | — | 500 | | |

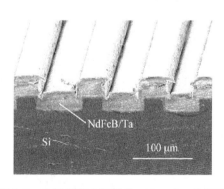

图 2.7 在硅模板上沉积的 NdFeB/Ta 多层膜

# 2.5 形状记忆合金

## 1. 形状记忆合金概述

形状记忆合金(Shape Memory Alloy,SMA)是指一类在特定温度下会回到原先形状的金属材料。一般来说,这种材料会在相对较低的温度下弹性可塑,而处在一个较高的温度下时,则会回到塑型之前的形状。尽管这种形状记忆效应在很多类型的合金中都有发现,但能产生足够回复力以至于完全达到原先的形状的记忆合金,迄今为止只有 Ti-Ni 合金和铜基记忆合金(例如 Cu-Zn-Al 和 Cu-Al-Ni)。

形状记忆合金的形状记忆效应源于热弹性马氏体相变。通常,在钢铁的马氏体相变中,马氏体晶粒以非常快的速度形核长大,而且继续降低温度时也不会进一步长大,而是在残余母相中生成新的马氏体晶粒。这种相变方式称为非热弹性马氏体相变。另一方面,在热弹性马氏体相变中,马氏体一旦形成,就会随着温度下降而继续生长,如果温度上升它又会减少,以完全相反的过程消失。正是这种热弹性马氏体相变在呈现形状记忆效应中起着最基本的作用。

与一般的热弹性马氏体相变不同的是,Ti-Ni 基合金会产生高温相、中间相、低温相的二阶马氏体相变。在冷却试样时,在某一温度上出现高温相到中间相的相变,在另一更低温度上出现中间相到低温相的相变。当加热时,又以相反顺序产生逐级相变。这种独特的相变行为使 Ti-Ni 基合金具有独特的全程形状记忆效应,即对低温马氏体相加热,可以使之达到高温态母相的形状,但是再次进行降温时母相可以回复到接近马氏体相的原始形状。

**2. 形状记忆合金的加工及应用**

由于 SMA 薄膜具有表面积大、散热能力高、响应速度快等优点,是理想的微驱动元件和力敏、热敏的微传感元件,因此被广泛应用于机械结构主动控制和微系统器件开发中,利用 SMA 驱动器制作了光开关、盲人点字系统和电热驱动血管机器人等。

目前 SMA 制造技术的研究包括两类:一是用于 MEMS 的 SMA 薄膜的制备工艺研究,二是 SMA 薄膜或型材的加工性能研究。在 SMA 薄膜的制备工艺研究方面,真空蒸发法是最早使用的制备方法,但由这种方法制备的 TiNi 薄膜在深度分布上不均匀,有一个从富 Ni 到富 Ti 的过程。此外,SMA 薄膜还有其他多种制备方法,如离子束增强沉积方法、激光熔融方法、磁控溅射方法等。研究表明,溅射方法是目前获得性能良好的 SMA 薄膜的最佳方法。在 SMA 型材加工方面,激光加工和电化学腐蚀方法是两种主要的加工方法(见图 2.8)。利用 5% 硫酸-甲醇溶液,可以实现 10 $\mu m/min$ 的高速刻蚀,为了降低刻蚀速度和刻蚀表面粗糙度、增加刻蚀的可控性,利用 1 mol/L 的 LiCl-乙醇溶液可以对 NiTi-SMA 实现低温、均一性好的可控加工。

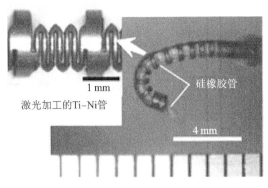
(a) 激光加工 SMA 驱动器

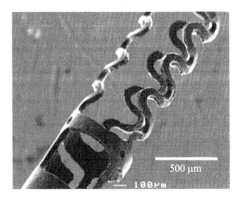
(b) 电化学腐蚀加工的 SMA 驱动器

图 2.8 SMA 的微细加工

## 2.6 光刻胶

光刻胶是一种有机化合物,受紫外线曝光后,在显影溶液中的溶解度会发生变化。光刻胶主要分为两种:正性光刻胶(正胶)和负性光刻胶(负胶)。对于正胶,其曝光区域更容易溶解,一种正相掩膜图案会出现在光刻胶上。对于负胶,其曝光区域会发生交联硬化,使曝光光刻胶更难溶于显影液中。

常见光刻胶中有四种基本成分:聚合物、溶剂、感光剂和添加剂。对于聚合物来说,正胶中常用苯酚-甲醛聚合物,用适当的光能量曝光后,光刻胶会变成可溶状态;负胶中常用聚异戊二烯类型,曝光后会由非聚合状态变为聚合状态。光刻胶中容量最大的成份是溶剂,正胶常用溶剂为乙氧基乙醛醋酸盐或者二甲基氧乙醛,负胶常用的为一种芬芳的二甲苯。化学感光剂是被添加到光刻胶中用来产生或者控制聚合物的特定反应的,正胶中常用 o-naphthacene quinine diazide,负胶中常用 bis-aryldiazide。添加剂一般包括一些染色剂或者抗溶试剂等。

光刻胶的选用常常基于一些基本参数,这些参数中较为重要的几个包括分辨率、敏感度、粘附性、抗蚀性、微粒污染水平等。分辨率是指区别硅片表面上两个或者更多的邻近特征图形的能力。一般来说,正胶具有相对更高的分辨率。敏感度指的是光刻胶对于光能量的敏感度,是光刻胶中产生良好图形所需要的一定波长光的最小能量值。敏感度高的光刻胶适用于分辨率较高的应用中。粘附性一般指的是光刻胶在基片表面的粘接能力。光刻胶必须粘附于许多不同类型的表面,如硅、多晶硅、二氧化硅、氮化硅和不同金属。抗蚀性一般指的是能够抵抗光刻后刻蚀工艺的能力。微粒污染水平常常指光刻胶自带的微粒含量。实验中微量金属杂质和水含量都会影响到具体实验。

## 2.7 有机聚合物材料

有机聚合物可以吸收应力,具有良好的机械强度和可弯曲性能,已成为 MEMS 制造材料中的重要组成部分,在 MEMS 键合、微流体芯片、柔性 MEMS 等方面应用广泛。有机聚合物材料主要是高碳聚合物,包括聚酰亚胺(PI)、聚对二甲苯(Parylene)、聚二甲基硅氧烷(PDMS)等。

**1. 聚酰亚胺**

聚酰亚胺(PI)指主链上含有酰亚胺环的一类聚合物,是综合性能最佳的有机高分子材料之一。其耐高温 400 ℃以上,长期使用温度范围为 −200~300 ℃,开始分解温度一般都在 500 ℃左右,部分无明显熔点。在 −269 ℃的液氦中不会脆裂。除了优异的耐温性能,它还具有良好的氧化稳定性和耐化学药品腐蚀的能力。

聚酰亚胺具有高绝缘性能,介电强度可达 100 kV/mm;介电性能优异,相对介电常数在 3.4 左右,介电损耗约为 $10^{-3}$。同时,PI 在高真空下放气量很少,可以作为真空封装器件的衬底。

聚酰亚胺作为一种特种工程材料,已广泛应用在航空、航天、微电子、纳米、液晶、分离膜、激光等领域,也是大部分柔性 MEMS 的衬底材料。需要指出的是 PI 不耐强碱溶液,可以被 5%(wt%)以上的氢氧化钾溶液腐蚀。

**2. 聚对二甲苯**

聚对二甲苯(Parylene)是一族由对二甲基苯合成的热塑性塑料聚合物的通称。它是在室温条件下气相沉积获得的薄膜物质,可以生成数百微米内任何厚度的薄膜。利用真空沉积技术可以将膜厚精度控制在 1μm。此外,真空沉积的聚对二甲苯具有均一性、保形性、无微孔无缺陷、化学性质不活泼等优良特性。由于真空沉积不使用催化剂和溶剂,因此产出的薄膜很纯净,释气量很小。成熟的聚对二甲苯(帕利灵)材料有 3 种:C 型、D 型和 N 型,其中,帕利灵 C 透水性和透气性比其他两种小很多,应用最广泛。帕利灵 C 吸收系数约为 $10 \text{ cm}^{-1}$ 数量级,适合用作硅、锗材质的透镜和窗口的抗反镀膜材料。

聚对二甲苯具有良好的防水和电绝缘性能,广泛用于电子器件的封装中。此外由于其可以基于化学气相沉积工艺实现高身宽比填充,因此也是良好的 MEMS 柔性结构材料。需要指出的是,聚对二甲苯的耐温性能不及聚酰亚胺,其在 250 ℃左右的温度下可软化;不过专用于耐高温的帕利灵 HT 可持续暴露于 350 ℃的空气中。

### 3. 聚二甲基硅氧烷

聚二甲基硅氧烷(PDMS)也叫硅橡胶,是一种由—$[Si(CH_3)_2—O]$— 组成的高分子聚合物,具有良好的弹性、电绝缘性、化学稳定性和生物兼容性。适用温度在 $-60 \sim 250$ ℃之间,与玻璃的透光率相比,其透光波长范围更宽,因而是基于光学检测的微流体芯片的常用材料。

基于道康宁 184 产品,可以用微复制成形方法制作 PDMS 微结构。PDMS 有预聚体和固化剂两种液态组份。两者按一定质量比混合并搅拌均匀后,倒入模具,在一定温度下加热固化,最后从模具上剥离后就可以形成最终的微纳结构。常用的预聚体和固化剂的比例为 10∶1,增加固化剂比例会增大弹性体的硬度和强度,反之则会增加弹性体的粘附性。

# 练习题

**2.1** 阅读 Kurt Petersen 于 1982 年在 Proceeding of the IEEE 上发表的 *Silicon as a mechanical material* 这篇文章的第 I、II 和 III 小节。

**2.2** 说明光刻胶的主要组成。并比较正胶和负胶在其光化学原理、组成、性能等方面的区别。

**2.3** 掌握永磁材料和软磁材料的区别,并分别列举一个应用案例。

**2.4** 描述玻璃基板的主要成份及加工方法。

**2.5** 描述正压电效应和逆压电效应,并列举其在执行器和传感器方面的应用。

**2.6** 列举 MEMS 常用的有机聚合物材料,并简单描述其性能及应用。

**2.7** 表 2.1 列举了单晶硅弹性模量的测量值,弹性模量会受哪些物理参数的影响?

# 第 3 章　光刻及图形转移

## 3.1　光刻的基本原理与流程

光刻工艺是一种非常重要及常用的微纳米加工工艺,它的出现和发展伴随着整个半导体工艺的发展。自半导体制造的初期,光刻技术就是制造各种集成电路的主要方法,也是集成电路制造工艺发展的驱动力,对于芯片性能的发展有着革命性的贡献。

### 3.1.1　光刻的基本原理

光刻是利用光敏光刻胶材料,通过一次或多次可控制的曝光,在基片表面形成二维或者三维的图形。换一种说法,光刻其实是将图形转移到一个平面的任意复制过程。它在半导体硅片加工过程中位于中心位置,成本几乎占到整个硅片加工的三分之一。

光刻类似于照相、蜡纸印刷等图形转移,通过掩膜版的遮挡,将所需的图形转移到光刻胶上面,在基片上的光刻胶形成需要的形状。以负胶为例,曝光后,与光接触的光刻胶自身性质和结构会发生一定的变化,曝光部分的负胶由可溶性物质变成了非溶性物质,之后通过化学试剂将可溶部分洗掉,基片表面就留下了具有掩膜版透光部分形状的光刻胶。

### 3.1.2　光刻的基本过程

光刻工艺是一个较为复杂的过程,一般来说可以如图 3.1 所示分为八个步骤:表面处理、旋转涂胶、软烘、对准及曝光、后烘、显影、硬烘、显影检查。

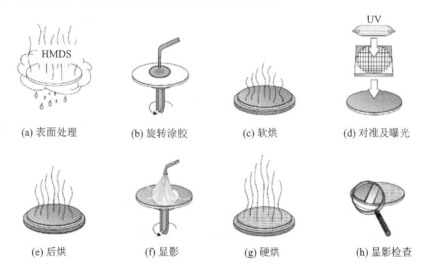

**图 3.1　光刻的基本流程**

### 1. 表面处理

光刻前的晶圆处理是光刻工艺的第一步,主要目的是处理晶圆表面,以增强晶圆与光刻胶之间的黏附性。晶圆制造过程中许多问题都是由表面污染和缺陷造成的,晶圆片表面的预处理对得到高成品率的光刻过程是非常重要的。

### 2. 旋转涂胶

对于半导体光刻技术,在晶圆片上涂光刻胶最广泛采用的方式是旋转涂胶法和自动喷涂法两种。其中,旋转涂胶法使用十分普遍,工艺和设备都十分简单,主要包括以下4个基本步骤:

1) 滴胶。将晶圆片在涂胶机上用吸气法固定,在晶圆片静止或旋转非常慢时,将光刻胶滴在晶圆片表面的中心位置上。
2) 高速旋转。晶圆片快速旋转到一个较高的速度,使光刻胶伸展到整个晶圆片表面。
3) 甩掉多余的胶。甩去多余的光刻胶,在晶圆片上得到均匀的光刻胶覆盖层。
4) 溶剂挥发。以固定转速继续旋转已涂胶的硅片,直至溶剂挥发,光刻胶的胶膜几乎干燥。

### 3. 软 烘

涂胶后,光刻胶薄膜的残余溶剂浓度一般为10%~35%,这取决于膜的厚度和所用的溶剂种类。光刻胶软烘的目的是蒸发光刻胶中的大部分溶剂。其中,软烘时间和温度是光刻过程中的重要参数。软烘过度会使光刻胶的光敏性减弱,而软烘不足则会影响光刻胶与晶圆间的结合力和曝光过程。

### 4. 对准及曝光

对准及曝光包括两个独立的动作。

对准是将掩膜版上的图形在硅片表面准确定位。对准中首先应该保证掩膜版与硅片平行地放置在机器中。然后,通过掩膜版上面的对准标记,与上一层带有对应对准标记的图形进行对准。常用的对准标记包括方块与十字。以十字为例,上一层中在边界处光刻出几个空心十字图形,下一层的掩膜在边界处留出几个对应十字。在对准过程中,只需要将这些十字进行对准即可。

对准之后即可进行曝光操作。不同的光刻胶能够在不同波段的光下进行反应,因此光刻胶应该与曝光光源相配套。最广泛使用的曝光光源是高压汞灯,它所产生的光是紫光和紫外线,有些光刻胶主要利用其波长为365.4 nm的紫外光(I-line),还有些利用其波长为435.8的紫光(H-line)。在分辨率要求更高的情况下,会使用深紫外光(DUV)、极紫外光(EUV)、X射线及电子束。

### 5. 后 烘

驻波是在垂直照射光刻中常出现的问题,当光线从硅片表面反射回光刻胶时,反射光线会与入射光线发生相长干涉或相消干涉,形成能量变化。一种减小驻波效应的方法就是在曝光后烘焙硅片。但是对于一些传统的正胶来说,常常忽略后烘过程。

### 6. 显 影

显影是在硅片表面光刻胶上产生图案的关键步骤,对于正胶和负胶,显影过程分别相当于融掉曝光部分和融掉未曝光部分的过程。常见的显影方式包括浸入式和旋转喷雾式。其中浸入式是最简单的显影方式,硅片在曝光后烘以后放入显影液中浸泡一段时间,再进行冲洗即可。旋转喷雾式是最受欢迎的化学显影方式,硅片被负压固定在旋转机上,上表面喷洒雾状的显影液。这种方法降低了化学品的使用,提高了图案的清晰度。

**7. 硬 烘**

硬烘的作用是挥发掉存留的光刻胶溶剂,提高光刻胶在硅片表面的粘附性。同时,坚膜后烘提高了光刻胶的硬度及化学稳定性,对于光刻后的刻蚀有着非常重要的意义。

**8. 显影检查**

显影检查其实是一次质量检查,它检查整体过程中有可能出现的错误,挑拣出需要返工的硅片。显影中常见的错误如图 3.2 所示,显影不充分、不完全显影或者过显影等缺陷均需返工。

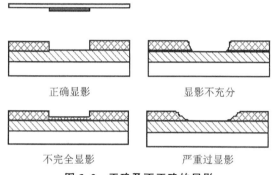

图 3.2 正确及不正确的显影

## 3.1.3 光刻机

光刻机基本来说分为 4 类,包括接触式光刻机、接近式光刻机、扫描投影光刻机、步进扫描光刻机。

**1. 接触式光刻机**

接触式光刻机是最为原始的光刻机,直到 20 世纪 70 年代,它一直是半导体工业中的主要手段。接触式光刻机的掩膜版上包括了所有要复制到硅片上的图形,首先掩膜版与硅片需要通过对准系统对准,之后上升硅片,让掩膜版与硅片直接接触。此时硅片和掩膜版经过曝光,图案被转移到光刻胶上。光刻机的组成如图 3.3 所示。

接触式光刻机的掩膜图形没有被缩放,会 1∶1 地复制到硅片,图形无法放大或缩小,图像基本不会出现失真。但是,接触式光刻掩膜版容易被光刻胶污染,因而,多次光刻操作后需要清洁或更换掩膜版。

**2. 接近式光刻机**

接近式光刻机是从接触式光刻机发展出来的,由于接触式光刻容易造成掩膜版的污染,因此接近式光刻机让掩膜版与光刻胶之间足够靠近,但是又存在 2.5~25 μm 的间距。污染问题虽然解决了,但是又带来了分辨率下降的问题。因为间距的原因,紫外线通过掩膜版透明区域和空气时会发生衍射。

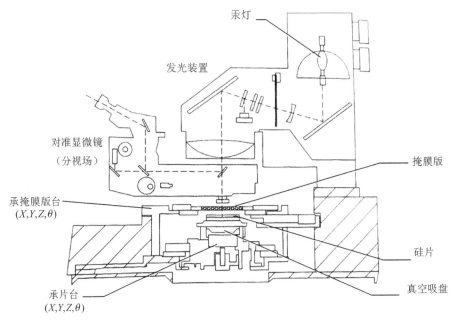

图 3.3 接触式或接近式光刻机

### 3. 扫描投影光刻机

由于接触式光刻机和接近式光刻机多少都会存在污染、边缘衍射、分辨率限制等等问题,因此后期开发出了扫描投影光刻机。这种光刻机仍然会把掩膜版图形 1:1 复制到光刻胶上面。如图 3.4 所示,紫外光通过一个狭缝聚焦在硅片上,形成均匀的光源,掩膜版和硅片发生扫描运动,一致通过窄紫外光束对硅片的光刻胶曝光,最终扫描完成,掩膜版图像被转移到硅片表面。

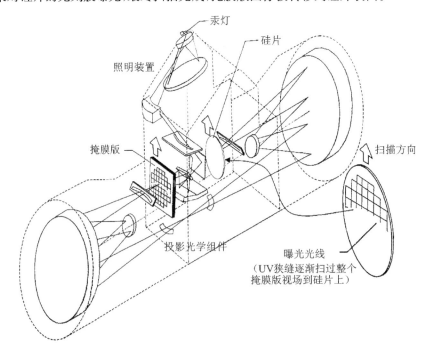

图 3.4 扫描投影光刻机

### 4. 步进扫描光刻机

可以看到以上三种光刻机的成像都是1:1,因而如果想要做出比较细微的结构就需要尺寸非常小的掩膜版,而这对掩膜版的制造工艺也是一个考验。在20世纪90年代,步进扫描光刻机被提出,步进扫描光刻机的基本原理是带有一个或者几个芯片图形的掩膜版被对准、曝光,然后移到下一个曝光场,重复这样的过程,这样的掩膜版质量更高,因而产生的缺陷更小。同时,常用的步进扫描光刻机都装备了缩小透镜,因此掩膜版的尺寸其实是最后投影出尺寸的5倍,甚至10倍,这个比例使掩膜版更加容易制造,同时也使尘埃和玻璃表面的细小变形在曝光过程中减小,乃至消失。

## 3.1.4 掩膜版

一般来说,掩膜版是一个透明板,在它上面分布了需要转印到光刻胶表面的图案。它的制作精度决定了所得光刻图案的精度。制作掩膜版的材料常为石英,因为石英在紫外光谱部分有高光学透射。而沉积在掩膜表面的不透明材料通常为铬,在一些特殊加工方法中,还会用到金等材料。

掩膜版最常见的制造方式是电子束直写技术,但在微机电系统技术中,微结构特征线宽在微米级的时候,常用激光直写刻蚀技术。

### 1. 电子束直写

掩膜版的制作非常类似于一次普通的光刻过程。首先掩膜版石英玻璃表面需要通过溅射等方式镀铬,之后洗净,旋涂上合适的电子束光刻胶,前烘过后,使用电子束轰击光刻胶,电子束可以扫过整个掩膜版,扫描过的区域可以在掩膜版上面形成图形。然后就是显影、硬烘等。最后通过干法或者湿法刻蚀去掉部分区域的铬层,便得到了所需的掩膜版。掩膜版的图案始于计算机绘图,根据需求,将微纳米结构在计算机中绘制,之后通过磁控和电控方式控制电子束聚焦,按照设计图案进行绘图。

### 2. 激光直写光刻技术

直写光刻是利用聚焦激光束直接在涂覆有光刻胶的衬底上描绘图形的光刻技术(见图3.5)。通常采用旋转反射镜阵列来实现大量激光束同时扫描的功能,因此对于分辨率要求不高的情况,可以实现高速的无掩膜光刻(又称无掩膜光刻技术),是掩膜版的主要制造手段之一。激光直写刻蚀技术既可以用来制作掩膜,又可以直接来刻蚀基片。其分辨率极限根据激光成像原理不同,由500 nm到100 nm以下。由于激光良好的调焦功能,激光直写也是最常用的灰度光刻的技术手段。

无掩膜光刻的一种常用技术是基于空间光调节器(SLM)的数字光刻技术。它使用可编程

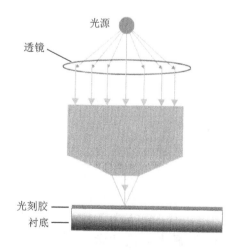

图 3.5 激光直写光刻技术

控制的SLM器件直接对照明光束进行调制,形成不同的图形直接投影在衬底上完成曝光,相当于将实体的掩膜版数字化。

相比于电子束方法制作掩膜,激光直写光刻技术具有成本较低,制作周期较短等优点,但也有制作精度不高等缺点。类似于掩膜板的制作过程,激光直写刻蚀技术还可以直接用来加工基片,刻蚀出沟槽。这种加工方式不需要任何掩膜,是可直接刻写,效率高、图案程控变换、不沾污、无接触、大面积、低成本和环境要求低的创新技术。

## 3.2 光刻分辨率及其影响因素

### 3.2.1 光刻分辨率

在光刻技术中,分辨率可以说是最为重要的一个参数,它体现了整个光刻技术的水平。分辨率 $R$ 的具体计算公式如下:

$$R = \frac{k\lambda}{\text{NA}}$$

式中,$k$——表示光刻工艺因子,范围是 0.6~0.8;

$\lambda$——光源波长;

NA——曝光系统的数值孔径。

### 3.2.2 光刻分辨率的提升方法

显而易见,减少曝光光源的波长对于提高分辨率特别重要,因此后续 3.3 节提到的纳米光刻技术中,曝光光源的波长都是非常短的。而下面一些特殊的先进光学光刻技术,可以在曝光光源波长不变的情况下,提高分辨率。

**1. 相移曝光掩膜技术**

在掩膜的某些透光区域加入不吸收光却能引起 180°相移的材料或结构,利用相移,使邻近区域的光场相位相反,通过叠加作用使两个相邻像素中间的位置电场为零,从而使距离很近的相邻像素的光场得以区分开来。

**2. 浸没透镜曝光技术**

浸没透镜曝光技术其实源于一种比较古老的技术,就是将样品浸在油或者其他折射率大于 1 的液态介质中来提高显微镜的分辨率,是实现 50 nm 或者更小特征尺寸光刻技术的最方便、最重要的途径。

**3. 光学邻近效应误差校正技术**

由于光学系统所形成的图像元素弥散导致分辨率下降,因此直接在掩膜图形设计时对图形预置若干误差变动,从而使这一位置误差正好补偿光刻进程及后续工艺过程中造成的光学邻近效应误差,这就成为光学邻近效应误差校正技术。

**4. 偏振光成像技术**

由于有关光学衍射和曝光性质与电磁场的矢量性质有关,在光刻的特征尺寸接近或者小于波长的时候,将会出现与光束偏振有关的一些性质,导致曝光程度不均匀和衬度下降,因此在接近衍射限制分辨率、使用特大数值孔径的曝光光学系统时,应该使用电矢量平行于界面的偏振光进行聚焦成像。

## 3.3 纳米光刻技术

光刻作为一种微纳米加工工艺，提高分辨率是其最为重要的核心技术问题。在纳米尺度光刻需求越来越广泛的情况下，对高分辨率光刻的要求也越来越高。从上文所述中可以得知，光刻的分辨率与曝光光源的波长是成反比关系的。想要提高分辨率，就需要使用波长更短的曝光光源。红外线相对于可见光波长更长，紫外光相对于可见光波长更短，这也是我们常使用紫外光做光刻的原因之一。在这里需要注意的是，白光即日光中的部分包含部分紫外光波段，这也是紫外光光刻胶不能见日光的原因。

紫外光中深紫外（DUV）、真空紫外（VUV），甚至波长更短的极紫外（EUV）如果用作曝光光源，将会大大提高紫外光刻的分辨率。其中真空紫外需要特殊设备，所以较少适用。同时，为了进一步提高分辨率，现已经发明了 X 射线光刻技术，X 射线的波长比紫外更短，因此也可以获取更高的分辨率。

### 1. 深紫外光刻（DUV）

深紫外光刻工艺与常规的紫外光刻，工艺过程基本相同，不同之处在于深紫外光刻使用的光刻胶较为特殊。因为常规光刻胶缺乏对于更小波长的敏感性。深紫外光刻胶需要用到一种化学放大技术。化学放大的意思是对那些线性酚醛树脂极大地增加它们的敏感度。化学放大 DUV 光刻胶在 DUV 曝光时进行酸致催化反应而加速反应速率，这个过程是通过采用一种光酸产生剂的感光剂，增加光刻胶的敏感性而完成的。

### 2. 极紫外光刻（EUV）

极紫外光刻使用激光产生等离子源从而产生约 13 nm 的紫外波长，并希望光刻精度达到 30 nm 左右。这种光源在真空环境下产生紫外射线，然后由光学聚焦形成光束，光束经由用于扫描图形的反射掩膜反射，经过多次反射后，将数倍缩小的极紫外光束成像到光刻胶表面。极紫外光刻技术是目前大规模生产中使用的最主要的光刻技术，也是相关领域的研究重点。

### 3. X 射线光刻

X 射线主要分为软 X 射线和硬 X 射线两种，软 X 射线波长范围是 0.1~10 nm，硬 X 射线波长在 0.1 nm 以下。软 X 射线被用于 X 射线光刻，而硬 X 射线常被用作医学用 X 射线。X 射线的产生方法是使用磁场作用控制高能电子进入封闭的曲线路径，从而产生 X 射线。相比于其他光刻最特殊的一点在于它的掩膜版：由于 X 射线波长很短，因而掩膜版不会有衍射干涉效应。X 射线的掩膜版不透光部分一般由能够吸收 X 射线的金属做成，例如金、钨等材料。但是 X 射线的掩膜版与最终图形是 1:1 的关系，没有缩放，这也导致了在 X 射线光刻中，高分辨率掩膜版的制作是一个难题。

### 4. 电子束直写（Electron beam lithography，EBL）

电子束直写一般用于两个领域，一个领域就是上一节提出的常规光刻、极紫外光刻、X 射线光刻掩膜版的制造，另一个领域就是不用掩膜版而直接轰击出细微结构。但在这两个领域的应用中，其工作原理是相同的。使用电子束直写制作细微结构虽然省略了制作掩膜版的过程，并且具有高分辨率，但是其工作速度非常慢。因此电子束直写现在很少在工业界应用，主要应用于实验室中各种新型结构和器件的制作。

**5. 离子束光刻**

离子束光刻系统与电子束光刻系统非常相似,其主要改变就是使用聚焦离子束代替了电子束进行曝光控制。离子束光刻具有较多优点:离子与光刻胶作用的散射范围比电子小,因此基本不用考虑邻近效应及其校正问题;离子束对应的光刻胶曝光灵敏度比电子束光刻胶要高很多;离子束除了曝光,还可用于物质的溅射沉积等等,因此离子束还可以用于掩膜的修复等微纳米加工工艺。

但是离子束光刻现在还没有普及,仅仅用于实验研究方面。主要原因包括:例如离子源亮度较低,能量过于分散;离子束聚焦、偏转必须用到相应的静电透镜和偏转板,所以其聚焦、偏转质量比电子束要差,最终使得其聚焦成像质量低于电子束系统。

**6. 扫描探针纳米光刻**

扫描探针纳米光刻技术是运用微探针制作原子级线宽图案的技术,主要利用了其探针针尖在电场的作用下对基板材料的局域化学反应,或者直接蘸取微量物质在基板上留下图案的过程。它的优势非常明显,就是可以在非常小的尺度上制造出非常复杂的形状结构;但是其缺点也非常明显,就是需要反复搬运、工作效率低、对设备稳定性要求非常严格,而这也是扫描探针纳米光刻技术难以产业化的最大原因。

## 3.4 微纳压印技术

微纳压印技术的研究始于普林斯顿大学纳米结构实验室的华裔科学家 Stephen Y. Chou 教授。它是一种全新的纳米图形复制方法,实质上是将传统的模具复型原理应用到微观制造领域。由于采用图形复制的加工方法,因此省去了光学光刻掩膜版制备与光学成像设备使用成本。微纳压印技术具有低成本、高产出的经济优势,自提出以来,在三种典型微纳压印技术(热压印光刻技术、紫外常温压印光刻技术和微接触压印技术)的基础上不断创新发展出许多新工艺。

### 3.4.1 微纳压印原理与过程

微纳压印从宏观方面来看主要包括四个核心工艺:模具、压印材料、衬底,以及图形转移外场和控制方式。整个微纳压印工艺流程可分为两个基本过程:① 压印填充过程 在外力或外场作用下,液态聚合物在模具微纳结构腔体的流变和填充;② 固化脱模过程 固化后的聚合物微纳结构从模具中分离脱模。压印填充过程决定了压印效率、复形精度、工艺稳定性等,而固化脱模过程则决定了成形后微纳结构的成形质量、工艺效率、模具的寿命。

从微纳压印工艺过程来看,无论是对流变填充还是对脱模的控制,实际上都可归结为聚合物和模具的表面和界面控制问题。整个微纳压印系统主要包括四个表面和两个界面,即模具表面、衬底表面、压印薄膜上表面和下表面,模具与聚合物间所形成的界面以及衬底与聚合物形成的界面。为实现高精度、高质量压印成形,在压印过程中不同表面和界面以及同一个界面在压印过程中的不同阶段需具备不同甚至完全相反的特性。例如,为了实现聚合物快速、完全地填充入压印模具微纳腔体中,聚合物与模具界面应该具有良好的浸润性;然而,在脱模过程中,则要求固化后的聚合物上表面与模具表面间界面具有非浸润特性,以便于脱模,同时固化后的聚合物下表面与衬底呈现浸润特性,具有良好的粘附性,避免脱模时聚合物微纳结构与衬底分离、变形。除模具与聚合物的界面特性外,影响聚合物流变填充行为的因素还包括聚合物粘度、模具微纳腔体结构尺寸、外力或外场施加方式等。因此,如何控制模具、聚合物和衬底所组成压印系统的两个界面、四个表面的特性是微纳压印的技术核心。

### 3.4.2 热压印

热压印是利用具有微纳米尺度的模具将聚合物材料模压旋涂在晶圆衬板上的工艺。模压前需将聚合物材料加热到玻璃转化温度以上,使其具有一定流动性。压印会在聚合物材料中形成与模具相反的图案,然后利用 $O_2$ 等离子刻蚀等技术去除残留聚合物薄层或根据需要进行后续的图形转移。热压印工艺是并行复制复杂微纳结构的一种成本低、速度快的方法。仅利用一个模具,就可按需大量复制,并且复制精度高,分辨率可达 5 nm。微纳压印技术已从最初热压印逐渐发展形成紫外固化压印、激光辅助压印等技术。其中热压印研究最充分、应用最广泛,就热压印过程而言,通常包括压印模板制作、压模、脱模、刻蚀等(见图 3.6)。

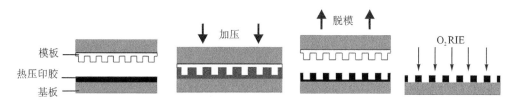

图 3.6 热压印过程示意图

**1. 压印模板制备**

压印模板是热压印工艺的基础,制备方法多种多样,如光刻、微纳刻蚀加工、微机械加工等都可制备出符合技术要求的压印模板。压印模板使用前,一般还需涂覆一层抗粘层来提高脱模质量。

**2. 聚合物升温压模**

将聚合物加热到玻璃化转变温度以上可减少聚合物粘性,增加流动性。只有当温度到达其玻璃化转变温度以上,聚合物中大分子链段运动才能充分开展,使其处于高弹性状态,施加一定压力后就能迅速发生形变。聚合物温度控制至关重要,温度过高会延长压模周期,对模压结构却没有明显改善,甚至会使聚合物弯曲导致模具受损。聚合物与图案化模具间须施加足够大压力来充分填充模具空腔,压模压力大小需可控。

**3. 降温冷却**

压模结束后,压模需保持一段时间,直至聚合物冷却到玻璃化转变温度以下,以便使图案固化,以提供足够大的机械强度。

**4. 脱　模**

脱模需在压印图案固化后实施,防止用力过度而使模具损伤。

**5. 刻　蚀**

不同厚度的聚合物形成了压印图形,可以利用反应离子刻蚀技术对整个聚合物表面进行减薄,从而除去图形化区域残余的聚合物。厚度较薄的聚合物被去掉,裸露出基底,而较厚的聚合物均匀减薄,但高度差不变。由于反应离子刻蚀含有一定的各向同性成分,若刻蚀减薄的时间过长,则有可能造成图形线宽的拓宽,降低图形的分辨率和陡直度,所以在保证图形完全转移而又不损伤模板的前提下,残留聚合物厚度应尽可能薄。通过 $O_2$ RIE 刻蚀去除残留的聚合物层后,接下来就可以进行图案转移。

图案转移和半导体加工工艺类似,有两种主要方法,一种是刻蚀技术,另一种是剥离技术 Lift-off。刻蚀技术以聚合物为掩膜,对聚合物下面层进行选择性刻蚀,从而得到图案。

### 3.4.3 紫外压印

紫外固化微纳压印技术的工艺过程与热压印相类似,主要包括掩膜制备、压印、固化、脱模及刻蚀等,如图 3.7 所示。首先制备出高精度掩膜版,如果通过掩膜版来实施紫外光照,则掩膜版材料需对紫外光透明,一般采用石英材料作为掩膜版。掩膜版也可采用非透光材料,但基板则须采用紫外光透光材料。在基板上旋涂一层液态光刻胶,光刻胶要求粘度低,对紫外光敏感;利用较低压力将模板压在光刻胶之上,液态光刻胶填满模板空隙,从模板背面或基板底部用紫外光照射,使光刻胶固化;脱模后用反应离子蚀刻方式除去残留光刻胶,从而将图案从模板转移到基板上。

与热压印技术相比,紫外压印技术有两大不同之处,一是压印模具本身需采用紫外光透明材料如石英板,二是压印成形不是利用聚合物材料的热固成形或冷却固化成形,而是通过紫外光辐射成形的,在常温环境下即可实现,大大减少了衬底的变形概率和程度。

紫外固化微纳压印技术与热压印技术相比不需要加热,可以在常温下进行,避免了热膨胀因素,也缩短了压印的时间;掩膜版透明,易于实现层与层之间对准,层与层之间的对准精度可以达到 50 nm,适合半导体产业的要求。但紫外固化微纳压印技术设备昂贵,对工艺和环境的要求也非常高;没有加热的过程,光刻胶中的气泡难以排出,会使细微结构产成缺陷。

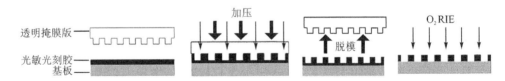

**图 3.7 紫外固化微纳压印技术工艺流程**

生产中常常采用紫外固化压印技术和步进技术相结合的方法,形成步进式快闪微纳压印技术。该方法采用小模板分步压印紫外固化的方式,大大提高了在基板上大面积压印转移的能力,降低了掩膜版的制造成本,也降低了使用大掩膜版带来的误差。但此方法对位移定位和驱动精度的要求很高。

### 3.4.4 软刻蚀压印

软刻蚀是 20 世纪 90 年代初期由美国哈佛大学乔治·怀特塞兹(George M. Whitesides)教授的研究小组率先提出的压印技术。它使用一个弹性印章来进行图形的复制与转移或采用印章当作掩膜"软刻蚀"。

软刻蚀技术除了制作母板需要使用比较昂贵的电子束刻蚀或其他先进技术外,后续的操作诸如浇注、复制、转移图形等都是非常简便的操作,不需要复杂昂贵的大型设备。弹性印章一次模塑成型,可重复使用,有效地降低成本;可一次在大面积上制作图形,适宜大面积、成批量生产;由于操作过程中不涉及光的作用,因此只要最初的模板足够精细,就可以突破光刻的 100 nm 极限。软刻蚀压印不仅可方便地在平面或曲面上制作微细结构,还适于制造二维图形和三维微结构。

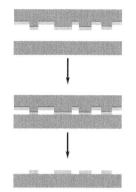

图 3.8 软刻蚀压印工艺流程

软刻蚀已经发展成一系列的相关操作,现在的软刻蚀特指这些操作的统称。它们具体包括微接触印刷(Microcontact Printing,μCP)、毛细微模塑(Micro Molding in Capillaries,MIMIC)、溶剂辅助微模塑(Solvent-assisted Micromolding,SAMIM)、转移微模塑(Microtransfer Molding,μTM)等多项技术。

# 练习题

**3.1** 光刻掩膜版的制造方法有哪些?

**3.2** 请描述光刻的基本流程及各步骤的作用。

**3.3** 请利用文献查找 3 种型号的光刻胶及其生产厂家,说明其是正胶还是负胶,了解其组成、粘度、可实现的厚度及显影液组成。

**3.4** 请分析光刻分辨率的限制因素,理解数值孔径、焦深等参数对光刻的意义,并思考提高光刻分辨率的方法有哪些?

**3.5** 理解 MEMS 加工用光刻机的基本组成。分析光刻机装备研制中的关键难题。

**3.6** 微纳压印的主要方法有哪些?与光刻技术相比,微纳压印有哪些优缺点?

**3.7** 请比较热压印和紫外压印的技术特点。

**3.8** 请查阅资料,思考如何利用光刻技术实现高深宽比的光刻胶微结构和金属微结构。

**3.9** 电子束直写是一种实现纳米级微结构的重要方法,请描述电子束直写系统的组成。

# 第4章 薄膜制备与表面改性

薄膜技术是实现器件微型化和集成化的有效手段,为探索材料在纳米尺度的新现象和新规律、开发新功能的结构和器件提供了工艺技术支撑。为此,本章重点论述各种薄膜制造技术,包括表面物理气相沉积(PVD)、化学气相沉积(CVD)、热氧化、表面改性、微电镀等微纳制造技术。因为很多成膜工艺离不开等离子体技术,所以本章首先介绍气体放电与等离子体的基本知识。

## 4.1 气体放电与等离子体

### 4.1.1 等离子体的产生

等离子体是由电子、阳离子和中性粒子组成的整体上呈电中性的物质集合。通常被视为除固态、液态、气态之外物质存在的第四种形态。如果对气体持续加热,或者施加强电磁场,可以使其解离成为等离子体。薄膜技术中所用的等离子体,一般都是通过气体放电形成的。由外电场激发气体电离并形成传导电流的现象称为气体放电。

当真空容器达到1～10 Pa真空度范围内的某一压力时,在两个电极之间加上直流电压,并使电压逐渐上升。当外加电压较低时,只有由外界电离因素(宇宙射线、微量放射性物质射线)所造成的带电粒子在电场中运动而形成气体放电电流,一旦外界电离作用停止,气体放电现象即随之中断,这种放电称为非自持放电。当外加电压逐渐升高后,气体中的放电过程发生转变,出现如图4.1所示两个过程。

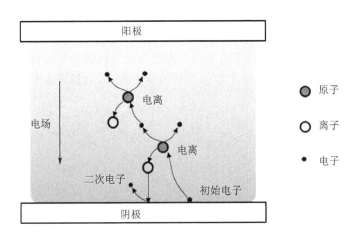

图4.1 放电的开始与自持放电的形成机理

**1. 气体电离**

由阴极表面发射出的一个电子在电极间电压的作用下,向阳极加速,当电子能量超过一定值后,与气体原子碰撞电离,后者被电离为一个离子和一个电子。这样,一个电子就变为两个电子,实现了电子的繁衍。

**2. 二次电子**

离子在电场中被加速,轰击阴极表面,产生二次电子。以二次电子为火种,可引发后续的气体电离过程。这样达到一定条件后,即使没有外界因素产生的电子,也能维持放电的进行,即放电进入自持放电状态。气体由非自持放电过渡到自持放电的过程,通常称为气体被击穿,响应的电压叫作击穿电压。自持放电因气体种类、气压、电压、温度等条件不同,而呈现不同的形式,如:辉光放电、弧光放电、电晕放电等。

为了说明气体放电的过程,我们分析一个在氩气和一定真空条件下直流放电的案例。图4.2所示是在真空容器中充有133 Pa的氩气时,面积为10 cm² 的平板铜电极间距为50 cm时的气体放电的伏安特性曲线。AB 段电压由零逐渐增大时,出现非常微弱的电流,这一电流是由外界电离因素引起的,看不到发光现象,称为非自持暗放电;BC 段是自持的暗放电,电流几乎是一个常数,称为汤森放电,特征是有微弱发光;CD 段为过渡区,电压陡降,电流突增,阴极上发出较强的辉光,从 D 点开始进入自持辉光放电;DE 段是正常辉光放电阶段,电流与电压无关,两极间产生明亮的辉光;EF 段是异常辉光放电阶段,其特征是放电电压和电流密度同时增加;进一步增加异常辉光放电的电流,达到 F 点,阴极温度升高到足以产生强烈的热电子发射时,空间电阻骤减,这是放电发生了质的变化,从辉光放电过渡到弧光放电。

正常辉光放电的电流密度与阴极物质、气体种类、气体压力、阴极形状等有关,但其值总体来说较小,所以在溅射和其他辉光放电作业时均在反常辉光放电区工作。

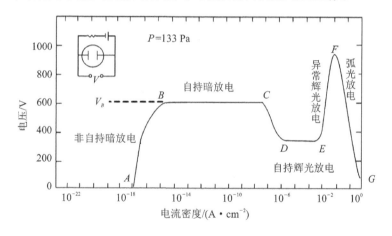

**图 4.2 典型的气体放电及伏安特性曲线**

## 4.1.2 直流辉光放电

在两个电极之间直流电压的作用下,气体放电进入辉光放电阶段即进入稳定的自持放电过程。仔细观察时,从阴极到阳极之间,发光的颜色和亮度分布并不均匀,极间电位和电荷分布也不均匀。如图 4.3 所示,按辉光放电的外貌及微观过程,从阳极到阴极可以分为阿斯顿暗区、阴极光层、阴极暗区、负辉区、法拉第暗区、正光柱区、阳极暗区和阳极辉光区等不同的区域。

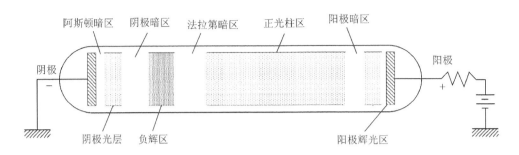

**图 4.3　直流辉光放电阴阳极间区域形态特征分布(十一)**

刚离开冷阴极的电子能量很低,不足以引起气体原子的激发和电离,所以接近阴极表面为一暗区,称为阿斯顿暗区。随着电子在电场中的加速,当电子能量足够大以激发气体原子时,就产生辉光,称为阴极光层。电子能量进一步增加时,气体原子电离,产生大量的离子和低速电子,这一过程并不发生可见光,这一区域称为阴极暗区,阴极位降主要发生在这一区域。以上三区总称为阴极区。

在阴极区电离产生的电子多数是慢速电子,能量小于电离能。随着电子在电场中的加速,进入负辉区,他们产生激发碰撞或电子与粒子复合,因而在此区域产生大量的激发发光和复合发光,形成很强的辉光。放电气体不同,辉光颜色也不同。大部分电子在负辉区损失能量,进入法拉第暗区,此区域电场强度很弱,电子能量很小,不足以引起明显的激发。

到达正光柱区,电子密度和离子密度几乎相等(一般 $10^{10} \sim 10^{12}$ cm$^{-3}$),又称等离子区。在此区域,带电粒子主要是无规则的随机运动,产生大量的非弹性碰撞。在等离子区的阳极端,电子被阳极吸收,离子被阳极排斥,阳极前形成负的空间电荷,电位稳定升高,形成阳极暗区。电子在阳极附近被加速,足以在到达阳极前产生激发和电离,形成阳极辉光。

阴极和阳极之间的电位差主要发生在负辉区之前,维持放电所必需的大部分电离发生在阴极暗区,是在PVD、CVD、干法刻蚀所用的气体放电中我们最感兴趣的区域。

## 4.1.3　高频放电

如果使用频率增高到 100 kHz 以上的高频电源,施加交流电,那么所发生的辉光放电称为高频放电。实际上,工业上最常用的是频率为 13.56 MHz 的射频(Radio Frequency,RF)电源。

射频辉光放电有两个重要属性:①辉光放电空间中电子振荡达到足够产生电离碰撞能量,因而减少了放电对二次电子的依赖性,并且降低了击穿电压;②射频电压可以耦合穿过各种阻抗,所以电极就不再限于导电体,其他材料甚至是绝缘材料都可用作靶材而参与溅射。一般说来,与直流辉光放电相比,射频辉光放电可以在低一个数量级的压力下进行。

高频功率的输入,有以电容为负载的电容耦合型和以线圈为负载的电感耦合型。电容耦合型的基本构成如图 4.4(a)所示,平板电容器的两极置于放电用的真空容器中,一极为高频功率输入电极,用于向真空室输入功率、激发放电。另一极为对象电极,通常接地。这种构成方式既可以进行高频放电,又可以施加直流偏压,增强等离子的强度和方向性。电磁耦合型如图 4.4(b)所示,通过线圈状的天线施加高频功率,高频波的磁场随时间变化,产生感应电流,加热等离子体并维持放电。

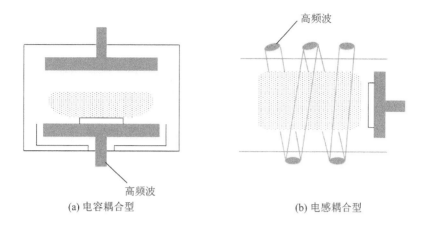

(a) 电容耦合型　　　　　　　　　(b) 电感耦合型

**图 4.4　直流辉光放电阴阳极间区域形态特征分布**

除直流辉光放电和射频放电外,还有磁控管(Magnetron)、感应耦合(Inductive Coupled Plasma,ICP)、电子回旋共振(Electron Cyclotron Resonance,ECR)等等离子体增强方式。

等离子体技术在现代技术中有非常重要的作用,除了本章介绍的各种薄膜的沉积与表面改性技术外,在下一章介绍的等离子刻蚀、键合技术中都有重要的应用,是制备各种集成电路芯片和MEMS器件的关键技术。

## 4.2　物理气相沉积成膜(PVD)

物理气相沉积(PVD),指利用物理过程实现物质转移,将原子或分子由靶源转移到基材表面上的过程。它的作用是可以使某些有特殊性能(导电性、耐磨性、散热性、耐腐性等)的微粒均匀致密地沉积到母体上,使得母体具有更好的性能。PVD基本方法有真空蒸发、溅射、离子镀等。

物理气相沉积有三个物理过程:

1) 提供气相的镀料。通过加热的方法使镀料蒸发称为蒸发镀膜,若用带有一定能量的离子轰击靶材,从靶材上击出镀料原子,则称为溅射镀膜。

2) 气相镀料向工件的输运。气相物质的输送在真空中进行,可以避免气体分子间碰撞的妨碍和污染。

3) 镀料在基片上沉积并形成薄膜。根据凝聚条件的不同,可以形成非晶态膜、多晶膜或单晶膜。镀料原子在沉积时,若与其他活性气体分子发生反应而形成化合物膜,则称为反应镀膜;若是同时有一定能量的离子轰击膜层改变结构和性能,则称为离子镀。

### 4.2.1　蒸　镀

真空蒸发镀膜(简称蒸镀)是指在高真空条件下,用蒸发源使物质汽化,蒸发粒子流直接射向基片并在基片上沉积形成固态薄膜的技术。蒸镀是最早发展起来的PVD技术,虽然因为形貌覆盖能力差、难以制备良好的合金等问题,在大多数硅器件工艺中已经渐渐被溅射取代,但是由于蒸镀的设备和工艺比较简单,又可以沉积纯度非常高的薄膜,再加上这几年电子束辅助蒸镀(EB蒸镀)、激光蒸镀等改进方法的发展,蒸镀在微机电系统以及Ⅲ~Ⅴ族器件方面仍旧有广泛的应用。如图4.5所示,真空蒸镀装置主要由真空室、衬底架、蒸发源和排气系统组成。

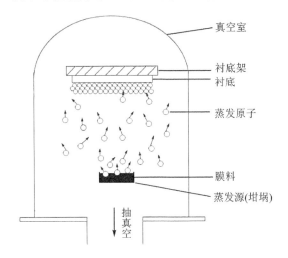

图 4.5 真空蒸镀示意图

### 1. 蒸镀的基本原理(真空蒸汽、蒸汽压)

随着温度的升高,材料会经历典型的固相、液相到气相的变化。实际在任何温度下,材料上面都存在蒸汽,平衡蒸汽压为 $P_e$。图4.6给出了一些常用金属元素平衡蒸汽压随温度的变化曲线。某一温度下,若环境中元素的分压强在其平衡蒸汽压之下,该元素就会产生蒸汽。反之该元素就会凝结。真空蒸镀就是通过各种方式提高蒸发源温度使镀膜材料蒸发,蒸汽遇到温度较低的基底凝聚成薄膜。为了弥补凝固的蒸汽,蒸发源要以一定的速率持续供给蒸汽。

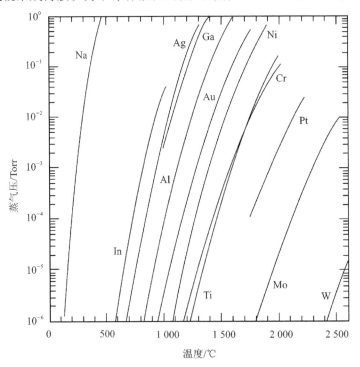

图 4.6 常用金属的平衡蒸汽压和温度的关系曲线

质量蒸发速率是指在单位时间内、从单位表面积蒸发源表面、以蒸汽形式逸出的物质质量。根据气体分子运动论，可以导出表示质量蒸发速率 $\Gamma(\mathrm{g \cdot cm^{-2} \cdot s^{-1}})$ 的公式：

$$\Gamma = \frac{\mathrm{d}m}{\mathrm{d}t} = \alpha(p_e - p_h)\sqrt{\frac{M}{2\pi RT}}$$

式中，$M$ 是粒子的原子量，$R$ 是摩尔气体常数，$\alpha$ 是蒸发效率系数，介于 0～1 之间。$\alpha=1$ 表示蒸汽粒子一旦离开蒸发源表面就不再返回，$p_e$ 和 $p_h$ 分别是元素在该温度下的平衡蒸汽压和实际的分压。可见，元素的蒸发速率直接取决于源物质温度和蒸发元素的性质。当 $p_h=0$，$\alpha=1$ 时，可以达到最大质量蒸发速率。

蒸发粒子在单位时间内、在基板的单位面积上沉积的质量称为材料的凝结速率。凝结速率与蒸发源的蒸发速率、源与基片的几何形状、源与基片之间的距离有关。真空蒸发镀膜的薄膜沉积速率是由蒸发速率和凝结速率共同决定的，几种物理气相沉积方法中蒸镀的沉积速率是最快的，可以达到 0.1～5 $\mu$m/min。

蒸镀的一个重要限制是台阶覆盖，对于小尺度的接触孔（约 1 $\mu$m），高差形貌将使入射原子束投射出一定的阴影区，从而在接触孔的一边形成不连续的薄膜（见图 4.7）。定义台阶高度：台阶直径为接触孔的纵横比。标准的蒸发工艺不能在深宽比大于 1 的图形上形成连续薄膜，深宽比在 0.5 与 1 之间也是很勉强的。一种改进台阶覆盖的方法是在蒸发过程中旋转晶片；另一种改进的方法是加热晶片，使得到达晶片的原子在它们的化学键形成、生长为薄膜之前，能沿表面扩散。

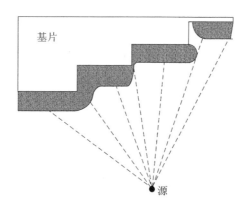

**图 4.7 真空蒸镀的台阶覆盖问题**

## 2. 蒸镀的分类与装置

真空蒸镀法所采用的设备根据其使用目的不同可能有很大的差别，从最简单的电阻加热蒸镀装置到极为复杂的分子束外延设备，都属于真空蒸镀装置的范畴。在蒸镀装置中，最重要的组成部分是物质的蒸发源，根据其加热原理，可以分为以下几个类型。

**(1) 电阻加热蒸镀装置**

电阻式的加热装置是应用最广的一种蒸发加热方式。加热用的电阻材料要求其使用温度高、高温时蒸汽压低、对蒸发物质呈惰性、无放气现象、具有合适的电阻率等等。所以实际使用的一般是一些难熔金属，如 W、Mo、Ta，或者高温陶瓷，如石墨、BN、$Al_2O_3$ 等。

蒸发源的形状可根据被蒸发材料的性质，结合蒸发源与被蒸发材料的润湿性，制作成不同形状，如图 4.8 所示。使用丝状蒸发源加热时，要求被蒸发物质与加热丝形成较好的浸润，靠表面张力保持在螺旋之中。锥形篮状蒸发源一般用于蒸发块状、丝状的升华材料、浸润性不好的块状材料。粉末、颗粒类的材料可以用蒸发舟或坩埚加热。

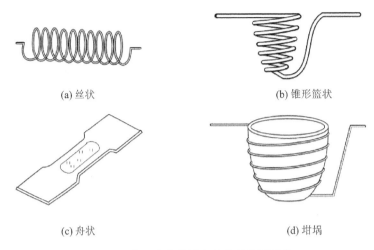

**图 4.8 电阻蒸发装置中各种蒸发源形状**

电阻加热装置简单耐用,使用很广泛。电阻加热方法最主要的问题在于加热元件与被蒸发材料直接接触,容易混入镀膜材料之中产生污染。而且它能达到的最高加热温度约为 1 800 ℃,不能用于难熔材料的加热蒸发。

**(2) 高频感应加热蒸镀装置**

高频感应加热是一种改进方法,可用于提高坩埚温度,蒸发难熔金属。如图 4.9 所示,它通过给绕在坩埚上的线圈通入高频电流,在材料中感应出涡流,使其加热。线圈本身用水冷,有效地避免了线圈材料损耗。

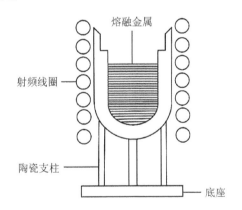

**图 4.9 高频感应加热蒸发源**

**(3) 电子束加热蒸镀装置**

电子束蒸发装置的原理如图 4.10 所示,膜料被放入水冷的坩埚中,由加热的灯丝发射出的电子束受到高压电场的加速,并在横向磁场的作用下偏转 270°后到达坩埚处。电子束直接轰击其中很小的一部分物质进行加热,其余的大部分物质在坩埚的冷却作用下,保持在很低的温度,成为了实际上的坩埚。从而可以避免炽热灯丝的蒸发对薄膜沉积过程造成污染,而且可以方便地通过控制磁场扫描坩埚内的材料,增大蒸发面积,并提高材料的利用率。

显然电子束加热装置要复杂得多。它可以把材料加热到 3 000 ℃,除了可以加热适用于电阻蒸发的全部材料之外,电子束还可以加热难熔金属(如 Ni、Pt、Ir、Rh、Ti、V、Zr、W、Ta、Mo)和化合物(如 $Al_2O_3$、$SiO_2$、$SnO_2$、$TiO_2$、$ZrO_2$)。

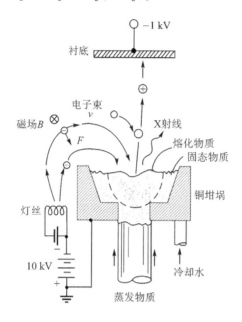

**图 4.10　电子束蒸发示意图**

除了以上介绍的 3 种之外,还有电弧蒸镀、脉冲激光蒸镀、空心阴极蒸镀、活化反应蒸镀等真空蒸发镀膜方法。

### 3. 多组分蒸镀

蒸镀也可以制作多组分薄膜。对于由不同元素组成的合金来说,各组元的蒸发过程可以近似看成是彼此独立的。如果几种成分有很接近的蒸汽压,就可以简单地制备混合物来蒸镀。但是如果几种成分的蒸汽压不同,易蒸发的组元将会优先蒸发并沉积在基底上,引起剩下的熔料成分变化,沉积的薄膜的组成也将慢慢变化。解决这一问题常用闪蒸的方法,即向蒸发容器中不断地、但每次少量地加入被沉积合金,保证不同组元能实现瞬间的同步蒸发。

图 4.11 给出了另外两种改进方法。多源同时蒸发的时候,分别控制各蒸发源加热至不同温度,从而调节每个组元的蒸发速率,以获得成分确定的合金薄膜。在这种方法中,每个组元均需要确定一个合适的蒸发温度,为了优化薄膜的组织与性能,还需要沉积时调整蒸镀时衬底的温度。因而,双源同时蒸发被称为三温度法,普遍用于Ⅲ～Ⅴ族化合物薄膜的沉积。还有一种方法是按次序交替沉积。这可以在多源系统中用打开与关闭挡板的方法来实现,沉积完成后,提高样品的温度让各组分互相扩散,从而形成合金。这样的工艺要求基片能承受蒸发以后的高温工序。

### 4. 分子束外延(MBE)

在某些应用场合,例如半导体器件制造技术中,会需要生长单晶薄膜材料。为了保证薄膜结构的完整性,单晶薄膜经常被沉积于结构完整性极高的单晶衬底之上,并且薄膜的晶体学点

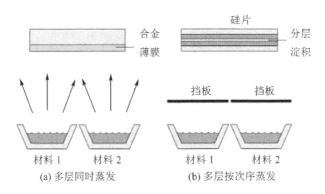

图 4.11 蒸发多成分薄膜的方法

阵与衬底的晶体学点阵要保持高度的连续性。这种在单晶衬底上生长单晶薄膜的过程叫作外延。外延层与衬底材料在结构性质上相似,则称同质外延;若两材料在结构和性质上不同,则称为异质外延。

外延薄膜的物理气相沉积技术被称为分子束外延技术(Molecular Beam Epitaxy,MBE)。分子束外延是在超高真空条件下($<10^{-8}$ Pa),将组成化合物的各种元素(如 Ga、As)和掺杂剂元素分别放入不同的喷射炉内加热,使它们的原子(或分子)以一定的热运动速度和比例喷射到加热的衬底表面上,与表面相互作用并进行晶体薄膜的外延生长(见图 4.12)。

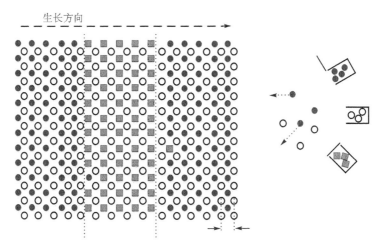

图 4.12 分子束外延的原理示意图

薄膜外延生长的条件较为苛刻,最基本的条件除了要有高质量的衬底之外,还要保证较高的生长温度和较低的沉积速率。分子束外延以原子速率生长薄膜,可以获得超薄薄膜(10Å)。由于分子束外延是在 $10^{-8}$ Pa 的超高真空环境下进行的,所以在这样低的沉积速率下也不必考虑污染的问题。分子束外延系统的基本组成除了有超高真空系统、一系列高度可控的高真空蒸发源以外,还配备有薄膜结构和成份的实时分析系统,结构非常复杂。

## 4.2.2 溅 射

溅射镀膜是指在真空中,利用高能离子轰击靶材表面,使被轰击出的粒子在基片上沉积的技术。高能粒子的获得有两种方法:一是利用低压气体辉光放电产生等离子体轰击负电位的靶源,一般溅射仪多用此方法;二是将高能离子束从独立的离子源引出,轰击置于高真空中的靶源,称为离子束溅射。

溅射镀膜可以用各种金属、半导体、绝缘体、混合物、化合物等材料作为靶材进行溅射,不仅可以制备与靶材组分相近的薄膜、组分均匀的合金膜及组分复杂的超导薄膜,还可以制备与靶材完全不同的化合物薄膜,如氧化物、氮化物、硅化物等,用途非常广泛。此外,溅射镀膜还具有膜层致密、针孔少、纯度高,膜厚可控性和重复性好,膜层与基片之间的附着性好等特点。因而,被广泛应用于机械功能膜和物理功能膜的镀膜。前者包括耐磨、减摩、耐热、抗腐蚀等表面强化薄膜材料、固体润滑薄膜材料,后者包括电、磁、声、光等功能薄膜材料。

**1. 溅射的基本原理**

如图 4.13 所示,当高能粒子(通常是由电场加速的正离子)轰击固体表面时将会产生许多物理效应。其一是引起靶材表面的粒子发射,包括溅射原子或分子、二次电子发射、正负离子发射、吸附杂质的解吸和分解、光子辐射等;其二是在靶材表面产生一系列物理化学效应,有表面加热、表面清洗、表面刻蚀、表面物质的化学反应或分解;其三是一部分入射离子进入到靶材的表面层,称为注入离子,在表面层中产生包括级联碰撞、晶格损伤等效应。

溅射装置的基本组成如图 4.14 所示,进行溅射镀膜时,靶材作为阴极,相对于作为阳极的基片处于一定的负电位。系统抽真空之后充入适当压力的惰性气体,如氩气。在外加电压的作用下,电极间的气体原子被大量电离。在电场的作用下,其中的电子会加速飞向阳极,而 $Ar^+$ 离子则加速飞向作为阴极的靶材。离子轰击的结果之一是使大量的靶材原子获得相当高的能量,从而脱离束缚向着各个方向飞散,其中一些受到基片阻挡沉积下来凝聚成薄膜。

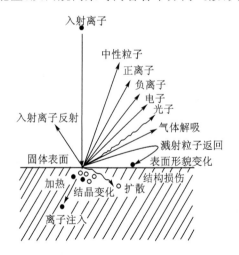

**图 4.13 伴随离子轰击固体物质表面的各种现象**

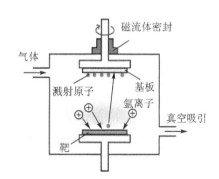

**图 4.14 溅射镀膜的示意图**

**2. 淀积速率、溅射产额**

溅射镀膜的沉积速率受射向靶的离子流量、溅射产额、靶表面积、靶与基片的距离等条件影响。提高溅射速率和增大靶的表面积,可以提高沉积速率,减小靶与基片之间的距离,在某些条件下也可以提高沉积速率。溅射产额是指溅射出的靶原子数与入射的离子数之比。显然,溅射产额与入射离子的能量、入射离子的种类和靶材的种类、离子入射角度、靶材温度等密切相关。一些常见物质的溅射产额已经被制成专门的图表以供查阅。在一般情况下,元素的溅射产额多处于 0.01～4 之间。

沉积于衬底上的薄膜,或是处于拉应力状态,或是处于压应力状态。如果膜的应力太大,可能从晶片表面脱落。薄膜的应力和结构对其性能起到重要作用,尤其是在金属引线的可靠性方面。应力的来源之一是薄膜与衬底的热膨胀不匹配,沉积只要不是在室温下进行就会产生热膨胀不匹配引起应力;另一个来源是本征应力,是由高温条件下沉积材料的结晶化引起的,与衬底温度、沉积速率、膜厚、腔体背景气氛等都有关系。

### 3. 溅射系统分类与特点

根据电极的结构及溅射镀膜的过程可分为直流溅射、射频溅射、磁控溅射、离子束溅射、反应溅射等。表 4.1 列出了几种溅射镀膜方式的特征及原理。

**表 4.1 常用溅射镀膜的分类和特点**

| 溅射方式 | 典型工作条件 | 特 点 | 原理示意图 |
| --- | --- | --- | --- |
| 直流二级溅射 | 气压 10 Pa<br>靶电压 DC3 000 V<br>靶电流密度 0.5 mA/cm$^2$<br>沉积速率 <0.1 μm/min | 结构简单<br>参量不能独立控制 | |
| 射频溅射 | 气压 1 Pa<br>靶电压 RF1 000 V<br>13.56 MHz<br>靶电流密度 1.0 mA/cm$^2$<br>沉积速率 ≈0.5 μm/min | 除了普通金属,也可以溅射绝缘材料 | |
| 磁控溅射 | 气压 0.6 Pa<br>靶电压 600 V<br>靶电流密度 20 mA/cm$^2$<br>沉积速率 ≈2 μm/min | 低温、高速、低损伤沉积 | |
| 离子束溅射 | 气压 0.6 Pa<br>沉积速率 ≈0.01 μm/min | 结构复杂,运行成本高<br>高度可控,低温,低损伤<br>气体杂质污染小,薄膜纯度高 | |

直流溅射只适用于导电靶材。如果直流溅射用于沉积绝缘材料,那么靶表面会形成一层绝缘物,使得氩离子堆积在靶面上,不能直接进入阴极产生溅射效应,使溅射镀膜过程无法进行。这种现象叫作靶材"中毒"。解决这一问题的办法是采用射频溅射技术。

在射频电压作用下,利用电子和离子运动特征的不同,在靶的表面感应出负的直流脉冲而产生溅射现象,对绝缘体也能溅射镀膜,这就是射频溅射。由于交流电源的正负性发生周期交替,当溅射靶处于正半周时,电子流向靶面,中和其表面积累的正电荷,并且积累电子,使其表面呈现负偏压,导致在射频电压的负半周期时吸引正离子轰击靶材,从而实现溅射。由于离子比电子质量大,迁移率小,不像电子那样很快地向靶表面集中,所以靶表面的电位上升缓慢,由于在靶上会形成负偏压,所以射频溅射装置既可以溅射导体靶,也可以溅射绝缘体。

磁控溅射是在射频溅射的基础上为提高低工作气压下等离子的密度而发展起来的新技术。一般平面磁控溅射的磁场布置形式如图 4.15 所示。这种磁场设置的特点是在靶材的部分表面上,磁场与电场方向互相垂直。在溅射过程中,中性的靶原子沉积在基片上形成薄膜,同时由阴极发射出来的二次电子在电场的作用下具有向阳极运动的趋势。但是在正交磁场的作用下,它的运动轨迹被弯曲而重新返回靶面。电子实际的运动轨迹是沿电场 E 加速的同时绕磁场 B 方向螺旋的复杂曲线。电子 $e_1$ 的运动被限制在靠近靶表面的等离子区域内,运动路程大大延长,提高了它参与气体分子碰撞和电离过程的概率。使得该区域内气体原子的离化率增加,轰击靶材的高能 $Ar^+$ 离子增多,实现了高速沉积。磁控溅射主要优点是工作气压较低、沉积速率较高、基片温升较小。

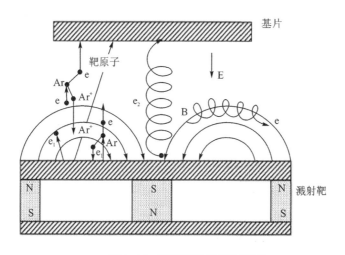

**图 4.15 磁控溅射的工作原理**

离子束溅射是直接利用离子源在真空下轰击靶材,靶材原子被溅射在基片上实现镀膜的工艺方法。在镀膜的同时,采用带能离子轰击基片表面和膜层,同时产生清洗、溅射、注入的效应。离子轰击的注入层只有几十到几百纳米厚,沉积时则可形成几微米厚的膜层。镀膜时的各种物理过程和物理效应使得膜层与基体的附着力极高,镀层更致密,很少甚至无孔隙、化学成分适当。通常的离子束溅射装置包含两个或两个以上的离子源,以分别实现衬底清洗和靶材溅射的目的。因离子束溅射中离子的能量远大于普通溅射工艺中的离子能量,薄膜与基底附着力高,适合应用于柔性基底上电极和功能材料的成膜。

反应性溅射是指在存在反应气体的情况下,溅射靶材时,靶材会与反应气体(如 $O_2$、$N_2$、$H_2$、$C_2H_2$ 等)反应形成化合物的成膜方法。本方法可制得靶材料的氧化物、氮化物、碳化物等化合物薄膜。例如常用的压电薄膜 AlN、ZnO 都可以用反应溅射的方法获得。从原理上,本方法不属于物理气相沉积的范畴。

## 4.2.3 PVD 技术特点

蒸镀和溅射作为常用的两种物理气相沉积方法,他们具有各自的特点,其应用场合也不尽相同。表 4.2 所列是从沉积原理方面对溅射和蒸镀这两种薄膜制备方法进行的总结和比较。

真空蒸镀薄膜制备技术的典型特点包括:①薄膜的沉积速率较高;②薄膜的纯度容易保证;③分子束外延可以制备单晶薄膜;④很难控制制备良好的合金;⑤覆盖表面形貌的能力很差;⑥低温下蒸镀的薄膜与基片结合力很弱。

与蒸镀法相比,溅射沉积方法的主要特点如下:①薄膜组织更致密,附着力也得到显著改善;②易于保证制备的薄膜的化学成分与靶材的成分相一致;③可以方便地用于高熔点物质薄膜的制备;④可以利用反应溅射技术,从金属靶直接制备化合物薄膜;⑤表面形貌覆盖能力更好。

表 4.2 溅射与蒸镀法的原理及特性比较

| 溅射法 | 蒸镀法 |
| --- | --- |
| 沉积气相的产生过程 | |
| ①离子轰击和碰撞动量转移机制<br>②较高的溅射原子能量($2\sim30$ eV)<br>③稍低的溅射速率<br>④溅射原子运动具有方向性<br>⑤可以保证合金成分,但是有些化合物有分解倾向<br>⑥靶材纯度随材料种类而变化 | ①原子的热蒸发机制<br>②低的原子动能(温度 1 200 K 时约为 0.01 eV)<br>③较高的蒸发速率<br>④蒸发原子运动具有方向性<br>⑤合金成分难以保证,部分化合物有分解倾向<br>⑥蒸发源纯度较高 |
| 气相过程 | |
| ①工作压力稍高<br>②原子的平均自由程小于靶与衬底的间距,原子沉积前要经过多次碰撞 | ①高真空环境<br>②原子不经过碰撞直接沉积 |
| 薄膜的沉积过程 | |
| ①沉积原子具有较高能量<br>②沉积过程会引入部分气体杂质<br>③薄膜组织致密,附着力较高<br>④多晶取向倾向大 | ①沉积原子能量较低<br>②气体杂质含量低<br>③薄膜附着力小<br>④晶粒尺寸大于溅射沉积的薄膜,有利于形成薄膜取向 |

# 4.3 化学气相沉积成膜(CVD)

## 4.3.1 化学气相沉积

化学气相沉积(CVD)是利用气相化学反应,在高温、等离子或激光辅助等条件下控制反应气压、气流速率、基片材料温度等因素,从而控制纳米微粒的成核生长过程,获得纳米结构的薄膜材料的过程。它本质上属于原子范畴的气态传质过程。

如图 4.16 所示,化学反应的发生,一般需要施加活化能 $\varepsilon$。当活化能是通过施加热能(提高温度)的方法实现,叫作热 CVD;利用等离子体的方法,叫作等离子增强 CVD;利用近紫外、紫外、或激光的方法,统称为光 CVD。

CVD 反应体系应满足的条件:

1) 在沉积温度下反应物应保证足够的压力,以适当的速度引入反应室;
2) 除需要的沉积物外,其他反应产物应是挥发性的;
3) 薄膜本身必须具有足够的蒸汽压,保证沉积反应过程始终在受热的基片上进行,而基片的蒸汽压必须足够低。

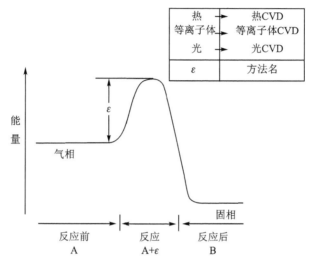

图 4.16 CVD 技术原理

CVD 技术最初是作为涂层的手段而开发的,它广泛应用于耐热耐磨涂层、半导体薄膜、高纯度金属的精制、粉末合成等。在微细加工领域,金属、半导体、合金、氧化物、碳化物、氮化物、硅化物、硼化物等多种材料的成膜都可以利用 CVD 实现。其技术特征在于:① 高熔点物质能够在低温下合成;② 析出物质的形态有单晶、多晶、晶须、粉末、薄膜等多种;③ 不仅可以在基片上进行涂层,而且可以在粉体表面涂层。

## 4.3.2 热 CVD

### 1. 热 CVD 的原理

热 CVD 的成膜原理是,通过将拟成膜材料的挥发性化合物(反应源)汽化,均匀地输送到高温的基板上,在基板上发生气相化学反应(热分解、还原、氧化、置换反应等),从而在基板上生成薄膜材料。可制作的薄膜材料包括氮化物、氧化物、碳化物、硅化物、硼化物、金属、半导体等。挥发性化合物主要有卤化物、有机化合物、碳氢化合物、羰基化合物等。这些挥发性化合物汽化后,需要通过和氢气、氩气、氮气等运载气体(Carrier Gas)混合,被送到反应室的内部,利用化学反应形成薄膜。虽然高温在一定程度上限制了它的应用范围,但热 CVD 形成的薄膜具有高致密性、高纯度、基板结合性强的优点,被广泛应用半导体集成电路制造、切削刀具涂层、航空航天、核能等领域。

代表性的化学反应举例如下:

硅 CVD 成膜的热分解反应:$SiCl_4 \xrightarrow{700\sim1\ 100\ ℃} Si + 2H_2$

硅 CVD 成膜的还原反应:$SiCl_4 + 2H_2 \xrightarrow{\approx 1\ 200\ ℃} Si + 4HCl$

$SiO_2$ CVD 成膜的氧化反应:$SiH_4 + O_2 \xrightarrow{\approx 400\ ℃} SiO_2 + 2H_2$

Cr CVD 成膜的置换反应:$CrCl_2 + Fe \longrightarrow Cr + FeCl_2$

这些化学反应的薄膜生成机理非常复杂,在常压的反应室进行化学气相沉积的叫作常压CVD,在低压($10\sim10^3$ Pa)的反应室进行化学气相沉积被称为低压 CVD(LPCVD)。在低压下,膜的沉积速率降低,膜的质量高于常压 CVD。

**2. 热 CVD 装置**

热 CVD 装置的主要构成如图 4.17 所示,主要由反应物供给系统,气相反应器(反应炉),排气系统三部分构成。

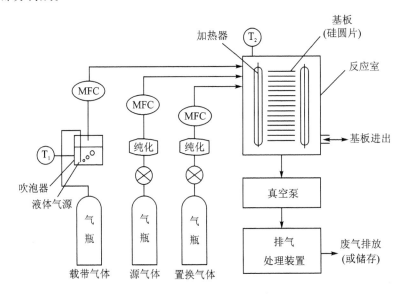

图 4.17 热 CVD 装置组成

左半部分是反应物供给系统,通过供气管路为 CVD 系统提供反应源。当反应源是气体,通过纯化装置纯化后(有时不需要),由流量控制器(MFC)按规定的流量导入反应炉。当反应源是液体的时候(如 $SiCl_4$),利用运载气体将液体反应源以蒸汽的形式通过流量控制器导入反应炉。当反应炉里面有空气的时候,通过置换气体将空气吹出,然后再导入反应源。

反应炉是 CVD 系统的核心,它由石英腔室、加热器和温度控制系统等组成。对反应炉的基本要求:

1) 均匀加热基板,使各基板温度一定;
2) 使气体均匀地流过各基板表面,在各基板上发生同等的化学反应;
3) 能迅速排出反应后的气体;

4) 使基板表面以外尽量不发生化学反应(减少杂质微粒);

5) 控制单位时间的反应量和成膜速度;

6) 保证生成薄膜的高纯度;

7) 尽量使反应过程低温化。

在 LPCVD 系统需要使用真空泵等排气系统。反应产物中包含各种有毒气体,需要除害处理后,才能排入大气。

### 3. 常压 CVD(NPCVD)

常压 CVD 法不需要真空装置,是最简单的 CVD 方式。因而装置设计的重点为如何实现反应气体输送的均匀性和反应气体流动的均匀性,主要的反应器类型如表 4.3 所列。当反应器为水平时,则基板倾斜(a 型);当为反应器纵型时,反应气体由中心吹出,且使基板夹具回转(b 型)。c 型为常用的热 CVD 式基片放置方式,便于抑制粉末的发生。d 型和 e 型可以实现基片的分散分布,主要用于灯加热的 CVD 装置。大量生产时,更需仔细研究基板加热的均匀性、气流的均匀性和基板的搬送方式,f 型为一种搬送带式连续常压 CVD 装置。

### 4. 低压 CVD(LPCVD)

此方法是在常压 CVD 的基础上发展起来的新方法。主要特征是:

1) 由于反应室内压力减少至 10~1 000 Pa 而反应气体,载气体的平均自由行程及扩散常数变大,因此,基板上的膜厚及相对阻抗分布可大为改善。反应气体的消耗亦可减少。

2) 反应室呈扩散炉型,温度控制最为简便,且装置被简化,结果可大幅度改善其可靠性与处理能力(因低气压下,基板容易均匀加热),因而可大量装载而改善其生产性。

低压 CVD 装置由反应室、供气系统、控制系统和排气系统组成,如图 4.18 所示。代表性薄膜的成膜条件如表 4.4 所示。

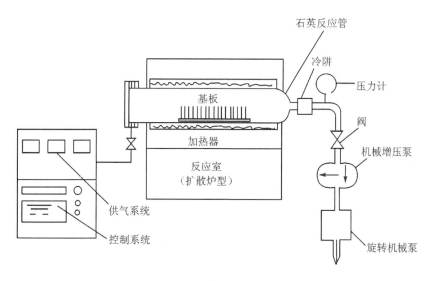

**图 4.18 低压 CVD 装置示意图**

表 4.3 CVD 反应器的各种类型

| 形式 | | a | b | c | | d | e | f |
|---|---|---|---|---|---|---|---|---|
| 分类 | | 水平型 | 纵型 | 批量式 | | 鼓形架型 | 辐射型 | 连续式 |
| | | | | 横型 | | | | |
| 加热方式 | | IR<br>RF<br>电阻加热 | RF<br>电阻加热 | 电阻加热 | | RF<br>IR(灯) | 灯 | 电阻加热<br>IR(灯) |
| 应用实例 | | 外延膜生长(RF)<br>低温氧化膜 Si(RF IR)<br>多晶 Si<br>$Si_3N_4$ 等(RF IR) | 低温氧化膜(RF)<br>外延膜生长 Si(RF)<br>多晶 Si(RF)<br>$Si_3N_4$ 膜 | 掺杂氧化物<br>$Si_3N_4$<br>多晶 Si | | 外延膜生长(RF IR) | 外延膜生长 | 低温氧化膜 |
| 装置示意图 | | (图) | (图) | (图) | | (图) | (图) | (图) |
| 工作压力 | | NP LP | NP LP | LP | | LP | LP | NP |

表 4.4 代表性薄膜的低压 CVD 成膜条件

| 成膜条件 | Si3N4 | Doped Poly Si | Poly Si | 低温 $SiO_2$ | 低温 PSG | SiC |
|---|---|---|---|---|---|---|
| 成膜温度/℃ | 750 | 630 | 600 | 380 | 380 | 1 000 |
| 反应气体 | $SiH_2Cl_2+NH_3$ | $SiH_4+PH_3$ | $SiH_4$ | $SiH_4+O_2$ | $SiH_4+PH_3+O_2$ | $Si(CH_3)_4$ |
| 反应压力/Pa | 100 | 190 | 100 | 170 | 170 | 27 000 |
| 成膜速度/(nm·min$^{-1}$) | 4 | 7.3 | 8 | 10 | 13 | 8 |

## 4.3.3 等离子体增强 CVD（PECVD）

NPCVD 法及 LPCVD 法等皆是被加热或高温的表面上产生化学反应而形成薄膜。PECVD 是在常压 CVD 或 LPCVD 的反应空间中导入等离子体,而使存在于空间中的气体被活化而可以在更低的温度下制成薄膜。等离子体的作用不是气体产生高温,而是在低温条件下,由等离子体中低速电子与气体撞击而激发活性物,引发气相化学反应。

PECVD 装置是在图 4.18 所示 LPCVD 装置的基础上,在反应室内增加放电用电极而成。现在最常用的电极构成及反应室内气体流向如图 4.19 所示。以下三种装置构成均能达到±10% 以内的膜厚分布。其中图 4.19(c)所示装置,石英管外部设置了 RF 线圈,反应室内部可以在没有电极的条件下产生等离子体。

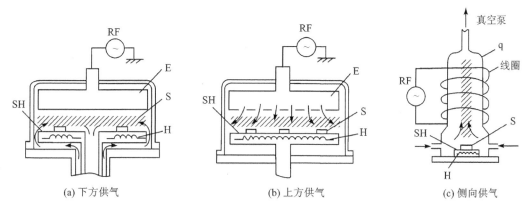

(a) 下方供气　　(b) 上方供气　　(c) 侧向供气

E—放电电极；coil—线圈；S—基板；H—加热器；q—石英管；SH—基片台架；箭头—气体流向；////—等离子体。

**图 4.19　常见 PECVD 装置原理示意图**

利用 PECVD 方法,可以在 300 ℃以下的较低温度形成氮化膜、氧化膜和 PSG 等。常用的成膜反应条件如表 4.5 所列。

表 4.5 代表性薄膜的 PECVD 成膜条件

| 成膜条件 | P-SiN | P-SiO | P-PSG | TEOS $SiO_2$ | SiC |
|---|---|---|---|---|---|
| 成膜温度/℃ | 200~300 | 300~400 | 300~400 | 300~350 | 600 |
| 反应气体 | $SiH_4-NH_3$ | $SiH_4-N_2O$ | $SiH_4-PH_3-N_2O$ | $TEOS+O_2$ | $Si(CH_3)_4$ |
| 反应压力/Pa | 27 | 133 | 133 | 2 000 | 270 |

续表 4.5

| 成膜条件 | P-SiN | P-SiO | P-PSG | TEOS SiO$_2$ | SiC |
|---|---|---|---|---|---|
| 成膜速度/(nm·min$^{-1}$) | 30 | 50～300 | 50～300 | 200 | 50～60 |
| 折射率 | 2.05 | 1.50 | 1.46 | 1.46 | 2.63 |
| 密度/(g·cm$^{-3}$) | 2.60 | 2.20 | 2.21 | — | — |

## 4.3.4 光 CVD

PECVD 使薄膜低温化,且又能制作各类半导体薄膜。在半导体薄膜制作希望避免热 CVD 及 PECVD 时掺入元件中的各种缺陷(如 PECVD 中带电粒子撞击而造成的损伤),又希望在低温条件制作薄膜,避免高温对不纯物扩散等的改变。光 CVD 法是解决这些问题的方法之一。热分解时,加热使一般分子的并进运动与内部自由度被一起激发;而在光 CVD 中,只直接激发分解必须的内部自由度,并提供活化物促使分解反应,故有望在低温下制成几乎无损伤的薄膜。

在光 CVD 中,能量较高的光子有选择性地激发表面吸附分子或气体分子,使其发生光致分解反应,形成化学活性更高的自由基。自由基在基片表面发生沉积而形成高质量、无损伤的薄膜。由于光致分解反应强烈依赖于入射光的波长,光 CVD 可由激光或紫外光等来实现。

图 4.20 所示为激光束 CVD 的装置原理。激光束 CVD 因光的聚焦及扫描可直接描绘细线或蚀刻。

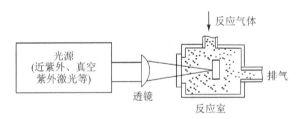

图 4.20 激光束 CVD

## 4.3.5 原子层沉积(ALD)

原子层沉积是通过将气相前驱体脉冲交替地通入反应器并在沉积基体上化学吸附并反应而形成沉积膜的一种 CVD 技术。当前驱体到达沉积基体表面,它们会在其表面化学吸附并发生表面反应。在前驱体脉冲之间需要用惰性气体对原子层沉积反应器进行清洗。由此可知沉积反应前驱体物质能否被沉积材料表面化学吸附是实现原子层沉积的关键。气相物质在基体材料的表面吸附特征可以看出,任何气相物质在材料表面都可以进行物理吸附,但是要实现在材料表面的化学吸附必须具有一定的活化能,因此能否实现原子层沉积,选择合适的反应前驱体物质是很重要的。

原子层沉积设备主要由原料输入装置、单原子层沉积反应器、反应残余气体及副产物收集处理器、反应过程高精度在线控制装置(含成分监控装置和厚度监控装置)及其他相关辅助设施。图 4.21 所示是原子层沉积系统示意图。

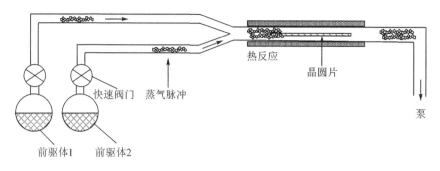

**图 4.21　原子层沉积系统示意图**

原子层沉积(ALD)可以看作是 CVD 的一个特殊模式。它是一种表面沉积工艺,可用于固体表面外延薄膜的控制生长和可剪裁分子结构的制作。与传统的 PVD 和 CVD 相比,它最大的特点是"单原子层"的逐层生长。

表 4.6 总结比较了 ALD 与 PVD 和一般 CVD 在沉积原理、沉积条件和薄膜质量上的不同。

**表 4.6　ALD、PVD 和 CVD 技术的主要特点比较**

|  | ALD | PVD | CVD |
| --- | --- | --- | --- |
| 沉积原理 | 表面反应—沉积 | 蒸发—凝固 | 气相反应—沉积 |
| 沉积过程 | 层状生长 | 形核长大 | 形核长大 |
| 台阶覆盖率 | 优秀 | 一般 | 好 |
| 沉积速度 | 慢 | 快 | 快 |
| 沉积温度 | 低 | 低 | 高 |
| 沉积层均匀性 | 优秀 | 一般 | 好 |
| 厚度控制 | 反应循环次数 | 沉积时间 | 沉积时间 |
| 成　分 | 均匀、杂质少 | 杂质极少 | 易含杂质 |

## 4.3.6　金属有机化合物 CVD(MOCVD)

CVD 技术另一重要的应用为 MOCVD,它是指以有机金属化合物作为反应源利用热 CVD 技术制作薄膜的方法。它能实现:①生长极薄的结晶;②做多层构造;③控制多元混晶的组成;④化合物半导体的量产。可作为反应源的有机金属化合物有金属甲基化合物、乙基化合物、三异丁基化合物等。利用本方法可生长化合物半导体,例如:

$$Ga(CH_3)_3 + AsH_3 \longrightarrow GaAs + 3CH_4$$

$$Al(CH_3)_3 + AsH_3 \longrightarrow AlAs + 3CH_4$$

此类装置有下列优点:①只需有一处加热,装置构造简单;②膜成长速度因气体流量而定,容易控制;③成长结晶特性可由阀的开闭与流量控制而定;④可在氧化铝等绝缘物上外延成长;⑤能进行选择性外延生长。相反,亦有如下缺点:①残留不纯物虽已改善,但其残留程度较高;②结晶厚度的控制困难;③所用反应气体多为具有引火性、发水性,且毒性强的气体;④原料价格昂贵等。

## 4.3.7 金属CVD

集成电路工艺的发展,对配线材料 W、Al、Cu、TiN 等的超微孔的填充型提出更高的要求,金属CVD和微电铸技术成为实现超微孔贯通配线的重要技术手段。常用金属CVD薄膜材料及成膜条件如表4.7所列。

其中通过控制基板温度(200~300 ℃)和反应压力(约0.1 Pa),可以在硅表面进行 W 的选择性成膜,其化学反应方程式如下:

$$WF_6(g) + (3/2)Si(s) \longrightarrow W(s) + (3/2)SiF_4(g)$$

在 300~500 ℃、100 Pa 的条件下,W 的 CVD 没有选择性。其化学反应方程式如下:

$$WF_6(g) + 3H_2(g) \longrightarrow W(s) + 6HF(g)$$

$$2WF_6(g) + 3SiH_4(g) \longrightarrow 2W(s) + 3SiF_4(g) + 6H_2(g)$$

Cu、TiN 等的 CVD 对微孔都具有良好的填充性,可实现高身宽比亚微米孔的无缺陷填充(见图 4.22)。

表 4.7 代表性薄膜的低压CVD成膜条件

| 用 途 | 材 料 | 反 应 源 | 反应温度 |
|---|---|---|---|
| 配 线 | W | $WF_6$ | 200~300 ℃(选择性成膜)<br>300~500 ℃(非选择性成膜) |
| | Al | $(CH_3)_2AlH$  $(CH_3)_3Al$<br>$(i-C_4H_9)_3Al$  $(CH_3)_3NaCH_3$<br>$(CH_3)_2AlCl$ | 250~270 ℃ |
| | Cu | $Cu(hfac)tmvs$<br>$Cu(hfac)_2$ | 100~300 ℃ |
| 阻隔材料 | TiN | $TiCl_4,NH_3,N_2H_2$<br>$TiCl_4+NH_3+MMH$<br>$Ti(N(CH_3)_2)_4$<br>$Ti(N(C_2H_5)_2)_4,NH_3$ | ≈800 ℃<br>≈500 ℃<br>≈400 ℃ |

## 4.3.8 功能材料CVD

### 1. 铁电薄膜的CVD

铁电薄膜材料不但在超大规模集成电路(ULSI)中微电容的制作中至关重要,而且是微机电系统研究中重要的功能材料。铁电薄膜虽然可以通过溅射、激光消融镀膜、Sol-Gel法等实现,CVD方法具有沉积速率高、薄膜致密性和台阶覆盖性俱佳等优点,代表性的成膜工艺条件如表4.8所列。

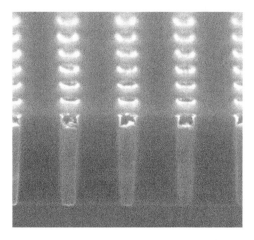

图 4.22 金属 CVD 对亚微米孔(100 nm)的填充性实例

表 4.8 铁电薄膜的 CVD 工艺条件实例

| 反应源 | 汽化温度/℃ | 反应温度与压力 | 薄 膜 | 基 板 | 载气方式 |
|---|---|---|---|---|---|
| Ba(DPM)$_2$<br>Sr(DPM)$_2$<br>TiO(DPM)$_2$<br>溶剂:C$_4$H$_8$O | 250<br>(0.15Pa) | 420 ℃<br>0.011 Pa | (BaSr)TiO$_3$ | Pt/SiO$_2$/Si | N$_2$<br>Cold Wall<br>MOCVD |
| Pb(C$_5$H$_7$O$_2$)$_2$<br>Mg(C$_5$H$_7$O$_2$)$_2$·nH$_2$O<br>Nb(C$_5$H$_7$O$_2$)$_2$<br>Ti(i-OC$_3$H$_7$)$_4$ | Pb·Nb<br>120~130<br>Mg<br>220~230<br>Ti 60 | 680~780 ℃<br>5Pa | PMN-PT | Pt/MgO<br>Pt/Ti/SiO$_2$/Si | Ar<br>Cold Wall<br>MOCVD |
| Pb(C$_2$H$_5$)<br>La(C$_{11}$H$_{19}$O$_2$)$_3$<br>Zr(C$_{11}$H$_{19}$O$_2$)$_3$<br>Ti(i-OC$_3$H$_7$)$_4$ | Pb -15<br>La 175<br>Zr 165<br>Ti 30 | 500~700 ℃<br>5Pa | PLZT | Pt/SiO$_2$/Si | MOCVD |
| (C$_2$H$_5$)$_3$PbOCH$_2$-C(CH$_3$)$_2$<br>Zt(O-t-C$_4$H$_9$)$_4$<br>Ti(O-i-C$_3$H$_7$)$_4$ | Pb 60<br>Zt 60<br>Ti 60 | 650 ℃<br>0.038 Pa | PZT | Pt/SiO$_2$/Si | Ar |

## 2. 金刚石的 CVD

CVD 金刚石是利用含碳气源(一般为甲烷+氢气)作为原料,通过一定的能量输入(微波、热丝、直流等),在一定的压强下产生出等离子体,在这个等离子体中使含碳气体分解,使碳氢键断裂形成金刚石结构中的碳碳键,并不断的结合,形成聚晶(或单晶)金刚石薄膜的过程。这一合成金刚石的方法合成速率快(较高温高压法),质量高(杂质可以避免),容易控制(通过对工艺参数的调控可以做不同晶面、不同种类的金刚石)。

金刚石 CVD 的方法也根据提供能量的方式不同也进行了划分,通过微波形式的输入能量称为"微波等离子体化学气相沉积"其英文缩写为 MP－CVD;而通过对热丝(通常为 Ta 丝或 W 丝)两边进行加高压,通过加热热丝提供能量的方式称为"热丝化学气相沉积"简称 HF－CVD;还有一种是通过对阴极和阳极施加直流电压,气体受热后由阳极嘴高速喷射出来形成等离子射流,此以射流的形式加热方式为"直流电弧等离子体喷射化学气相沉积法"简称为 DC－CVD。三者之间最有前景的是微波 CVD 法,其制备的金刚石纯度高,质量好,国外的 APOLLO 公司已经利用其制备人造钻石。表 4.9 所列是日本东北大学提出的利用 HF－CVD 的方法在硅表面进行金刚石成膜的工艺。

表 4.9 硅表面金刚石电泳和 CVD 成膜工艺

| 工艺过程 | 工艺条件 |
| --- | --- |
| 金刚石粉末电泳 | 原料:用 50 nm 金刚石粉末和 IPA 溶剂做成 0.25 g/L 的悬浊液;<br>超声波震荡 10 min;<br>电场:75 V(阴极和阳极 1.5 cm 间距) |
| 金刚石 HF－CVD | 反应源气体:$CH_4$(1.5 sccm)和 $H_2$(100 sccm);<br>反应温度:2 000 ℃;<br>反应压力:2 000 Pa;<br>沉积速率:6.7 nm/min |

### 4.3.9 CVD 技术小结

CVD 本质上是一种化学沉积方法,具有选择性生长的特点;其沉积过程是一种气相反应,因而具有良好的填充性和台阶覆盖性。这项技术在半导体加工和微机电系统技术中获得广泛应用。TEOS CVD 技术已经广泛应用于厚膜 $SiO_2$ 的低温成膜。基于 LPCVD 技术的多晶硅和氮化硅薄膜广泛应用于硅工艺。热丝 CVD 技术可以实现金刚石的高质量成膜,PECVD 大量应用于碳纳米管等低维材料的制造。MOCVD 技术不但可以实现 PZT 等多元智能陶瓷材料的成膜,还在Ⅲ～Ⅴ族元素的制造中应用广泛,成为光学半导体行业的支撑性技术。

## 4.4 表面化学液相沉积成形

电镀、化学镀和溶胶—凝胶是现代表面成膜技术的重要成部分,按成膜介质划分,它们都属于化学液相沉积成膜方法。化学液相沉积是利用离子在液相发生化学反应实现薄膜沉积的一种成膜方法。化学液相沉积因设备操作简单、工艺过程易于控制、可镀材质广泛、镀层成本较低而被广泛应用于各个工业领域。

### 4.4.1 表面电镀与电铸

电镀技术是通过包含某种或多种金属离子的溶液将金属材料沉积到导电材料的电化学成膜工艺过程,其目的在于赋予固体材料新的表面特性,如防护性、装饰性、可焊性、耐腐蚀、耐磨损、耐高温及电、磁、光性能等。

## 1. 电镀的基本原理

电镀是一种电化学沉积过程,也是一种离子的氧化还原过程,即金属离子(或络合离子)在外加电流的作用下,被输送到阴极表面并还原成金属(或合金)的过程。图 4.23 为电镀原理图,将被镀零件作为阴极,与电源的负极相连,将所镀金属或合金作为阳极,与电源正极相连。电沉积时,将阴极和阳极全部浸入含有所镀金属或合金离子的电镀液中。通入电流,在阴、阳两极间施加一定的电位,就可以在阴极表面得到金属或合金沉积层。

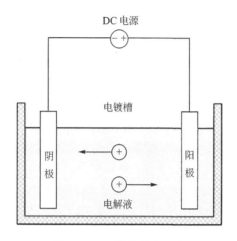

图 4.23 电镀的基本原理

电镀的氧化还原反应过程如下:

1) 镀液中的金属离子在阴极表面得到电子被还原为金属,反应式如下:

$$M^{n+} + ne \rightarrow M$$

2) 金属阳极界面发生溶解,金属失去电子得到金属离子,反应式如下:

$$M \rightarrow M^{n+} + ne$$

如图 4.24 所示,当电极浸入到电解质溶液中时,由于金属电极表面的电荷密度高过溶液中分散的离子、或偶极子(比如极性分子水或其他有电荷倾向的溶质分子)的电荷,这些溶液中的离子等会以相反的电荷在电极表面排列,形成一种与电极表面电荷极性相反的动态的双电层。并且相应地存在一定的电位差。

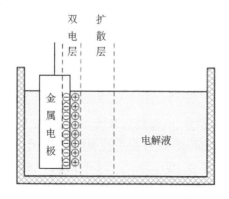

图 4.24 电化学双电层示意图

金属与电镀液界面之间形成的电位差,叫作该金属的电极电位。电极电位的绝对值是无法测定的,而是以氢的标准电极电位为零相比较测得的。在无电流通入时,金属与它的离子之间的电荷交换达到平衡时所具有的电极电位,叫作该金属的平衡电极电位,简称平衡电位。平衡电位与金属的本性、镀液的浓度和温度有关,为了对比不同金属的平衡电位,人们规定当温度为 25 ℃、金属离子的有效浓度为 1 mol/L 时,测得的平衡电位叫作标准电极电位。金属的标准电极电位实际上反映了其氧化还原能力。金属的标准电极电位越负(如铝、镁、钛等),其越容易失去电子被氧化,电镀时不容易沉积出来;而金属的标准电极电位越正(如金、银、铜等),越容易得到电子被还原,电镀时容易在阴极上析出。

在有电流通过电极时,其电极电位会偏离平衡电位,这种现象叫作电极的极化。阴极的电极电位向负的方向偏移的现象叫作阴极极化;阳极的电极电位向正的方向偏移的现象叫作阳极极化。金属在阴极表面开始析出的电位,叫作析出电位,也称为沉积电位。一般析出电位较正的金属都能在阴极上优先析出来。从理论上讲,只要阴极的电位足够负,任何金属离子都可能在其上被还原,实现金属电沉积。但在镀液中有大量的氢离子、水分子及其他多种易还原的阴离子,它们之间存在着竞争还原反应,使得一些析出电位很负的金属离子实际上在电极表面不可能实现还原沉积。因此,金属离子在水溶液中能否还原,不仅取决于其本身的电化学性质,还决定于金属离子析出电位与氢离子析出电位的相对大小。

电镀层和一般金属一样,具有晶体结构,金属的电结晶过程包括以下三个步骤:

1) 液相传质:液相中的水化金属离子或络合金属离子从溶液内部向阴极界面迁移,到达阴极双电层溶液一侧。

2) 电化学反应:水化金属离子或络合金属离子通过双电层,并去掉水化分子或配位体层,从阴极上得到电子而变成金属原子。

3) 电结晶:金属原子沿金属表面扩散到达结晶生长点,以金属原子态排列在晶格,形成镀层。

电镀时,这三个步骤是同时进行的,但是进行的速度不同,速度进行最慢的一个被称为整个沉积过程的控制性环节。结晶的粗细由晶核的形成速度和晶核的生长速度所决定。如果晶核的形成速度高于晶核的生长速度,则晶粒较细小,组织较致密;如果晶核的形成速度低于晶核的生长速度,则晶粒较粗大,组织较疏松。

### 2. 电镀的工艺过程

通常,电镀的工艺过程主要包括三大部分:电镀前处理、电镀的实施和电镀后处理。

**(1) 电镀前处理**

电镀前的基体表面状态和清洁程度是保证镀层结合力和完整性的先决条件。因此,要想得到结合力高和完整性好的镀层,就必须严格执行工艺要求,提高镀前处理的质量。电镀前处理一般进行除脂、浸蚀等工作。

**(2) 电镀的实施**

电镀装置的主要构件包括槽体、溶液加热及冷却装置、导电装置、搅拌装置和电镀液循环过滤装置等。根据实施方式划分,电镀可分为挂镀(也称为槽镀)、滚镀、刷镀和高速连续镀。电镀溶液有固定的成分和含量要求,使之达到一定的化学平衡,具有所要求的电化学性能。电镀液由主盐,导电盐,活化剂,缓冲剂,添加剂等组成。

电镀成膜速率可以由电流密度、金属离子价位、成膜金属原子量等计算所得。电镀过程中需严格控制电流密度分布、电镀液的离子浓度、pH值、温度、添加剂等条件,以提高电镀薄膜的致密度。

**(3) 电镀后处理**

电镀后处理影响着镀层的防护性和装饰性效果。通常,电镀后处理包括钝化、浸膜、消除氢脆。所谓钝化处理是指在一定的溶液中进行化学处理,在镀层上形成一层坚实致密的、稳定性高的薄膜的表面处理方法。浸膜是在镀层表面浸涂一层有机或无机高分子膜,以提高镀层的防护性。对于某些镀种(例如电镀锌),在电镀过程中,除了金属沉积出来之外,还会析出一部分氢,这些氢渗入镀层中,使镀件产生脆性,甚至断裂,称为氢脆。为了消除氢脆,往往在电镀后,使镀件在一定的温度下热处理数个小时,称为除氢处理。

**3. 电镀的分类与应用**

根据镀层结构和成分,电镀可分为单金属电镀、合金电镀、复合电镀和非晶态电镀。单金属电镀是指镀液中只含有一种金属离子,镀后形成单一镀层的电镀方法。常用的单金属电镀主要有电镀镍、电镀铬、电镀铜等。合金电镀是指镀液中存在两种或两种以上金属离子,在阴极表面实现共沉积,形成均匀细致镀层的电镀方法。与单金属电镀相比,合金电镀在结晶致密性、镀层孔隙率、外观色泽、硬度、耐蚀性、耐磨性、导磁性、减磨性和抗高温性等方面均具有明显优势。其中,镍铁合金镀层作为磁性镀层被广泛用于电子工业领域。

## 4.4.2 表面化学镀

化学镀,又称为自催化镀或无电解镀,是指在无外加电流情况下,借助于镀件表面的催化作用,通过化学法在零部件表面成膜的一种镀覆方法。与电镀相比,化学镀工艺设备简单(无须电源及输电系统)、镀层厚度均匀、结合力强,并且可以在非金属表面施镀。

**1. 化学镀的基本原理**

化学镀是一个在催化条件下发生的氧化-还原反应过程,即从金属盐溶液中沉积出金属而得到电子的还原过程和金属在溶液中转变为金属离子而失去电子的氧化过程,可表示为

$$\text{Me}^{n+} + ne \underset{\text{氧化}}{\overset{\text{还原}}{\rightleftharpoons}} \text{Me}$$

化学镀过程中无外加电流提供金属离子还原所需的电子,而是依靠镀液中的还原剂提供的。化学镀过程可以分为三类:

**(1) 置换沉积**

利用被镀金属的电位比沉积金属负,将沉积金属离子从溶液中置换在镀件表面。

**(2) 接触沉积**

利用电位比被镀金属高的第三金属与被镀金属接触,让被镀金属表面富集电子,从而将沉积金属还原在镀件表面。

**(3) 还原沉积**

利用还原剂被氧化时释放出的自由电子,把沉积金属还原在镀件表面。

**2. 化学镀的装置的组成与工艺过程**

化学镀工艺过程包括三大步。

**(1) 化学镀预处理**

化学镀工艺的关键在于预处理,预处理的目的是使镀件表面生成具有显著催化活性效果

的金属粒子,这样才能最终在基体表面沉积金属镀层。由于镀件微观表面凸凹不平,必须进行严格的镀前预处理,否则易造成镀层不均匀、密着性差,甚至难于施镀的后果。化学镀预处理大致流程为:机械粗化→化学除油→化学粗化→敏化→活化→解胶。其中每一步完成后都要用去离子水冲洗。

机械粗化主要利用砂纸、砂轮打磨零件表面,初步去除零件表面比较明显的凸凹和杂质层。

化学除油试剂分有机除油剂和碱性除油剂两种;有机除油剂为丙酮、乙醇等有机溶剂,一般用于无机基体如鳞片状石墨、膨胀石墨、碳纤维等除油;碱性除油剂用于有机基体如聚乙烯、聚氯乙烯、聚苯乙烯等除油。

化学粗化的目的是利用强氧化性试剂的氧化侵蚀作用改变基体表面微观形状,使基体表面形成微孔或刻蚀沟槽,并除去表面其他杂质,提高基体表面的亲水性和形成适当的粗糙度,以增强基体和镀层金属的结合力,以保证镀层有良好的附着力。

敏化是使非金属表面形成一层具有还原作用的还原液体膜,敏化所要还原出来的不是连续的镀层,而只是活化点。其实敏化是为活化作准备的。以化学镀镍为例,以氯化亚锡为还原剂,采用 Pd 活化工艺。当吸附有 Sn 的非金属表面接触到 Pd 活化液时,Pd 会被 Sn 还原而沉积到非金属表面形成活化中心,从而顺利进行化学镀。镀件基体经过胶体 Pd 活化后,表面吸附的是以 Pd 原子为核心的胶团,为使金属 Pd 能起催化作用,需要将吸附在 Pd 原子周围的二价 Sn 胶体层去除以显露出活性 Pd 位置,即进行解胶处理。

**(2) 化学镀**

化学镀装置示意图如图 4.25 所示。

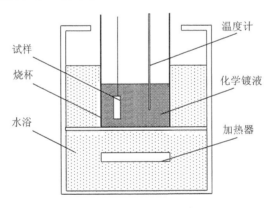

**图 4.25 化学镀装置示意图**

温度是影响镀速的重要工艺参数。温度过低反应变慢甚至不能进行。过高会使镀液的稳定性下降,尤其当加热不均匀、温度变化大且 pH 值偏高时更为严重。因此化学镀一般采用水浴加热并配有搅拌装置,而且在镀覆过程要严格控制温度范围。

化学镀镀液一般由主盐、还原剂、络合剂、缓冲剂组成;对某些特殊材料的镀件施镀时镀液中还需要添加稳定剂、表面活性剂等功能添加剂。主盐与还原剂是获得镀层的直接来源,主盐提供镀层金属离子,还原剂提供还原主盐离子所需要的电子。

**(3) 化学镀后处理**

化学镀后要及时对镀件表面进行水洗和干燥处理,防止表面氧化。化学镀铜、化学镀镍、

### 3. 化学镀的特点及应用

化学镀层可以提高金属、合金、玻璃、尼龙、橡胶等各种基底材料的硬度、耐磨性、抗腐蚀性和表面光洁度。此外由于其镀膜厚度极其均匀,处理部件不受形状的限制,与电镀相比不用施加电场,因而可用于复杂微器件非连通阵列电极的制备,如化学镀金、化学镀铜等。化学镀 NiP 具有切削性好、耐高温、耐磨性好等特点,已经应用于微纳模压成型中模具的制备中。化学镀镍在电子工业、轻金属(镁、铝)防护方面应用广泛,在汽车工业发展潜力巨大。

## 4.4.3 溶胶-凝胶法

溶胶-凝胶法是一种条件温和的材料制备方法,属于无机液相合成的一种。它是指用金属的有机或无机化合物,经过溶液、溶胶、凝胶过程,接着在溶胶或凝胶状态下成型,再经干燥和热处理等工艺流程制成不同形态的产物的过程。所制备的材料化学纯度高、均匀性好,可用于制备超细粉末、中空球、玻璃、涂料、纤维、薄膜、表面涂层等多种类型的材料。

### 1. 溶胶-凝胶法的基本原理

溶胶-凝胶法(Sol-Gel 法)的基本原理是以无机物或金属醇盐作前驱体,在液相将这些原料均匀混合,并进行水解、缩合化学反应,在溶液中形成稳定的透明溶胶体系,溶胶经陈化,胶粒间缓慢聚合,形成三维空间网络结构的凝胶,凝胶网络间充满了失去流动性的溶剂,形成凝胶。凝胶经过干燥、烧结固化制备出分子乃至纳米亚结构的材料。

将一种或几种盐均匀分散在一种溶剂中,使它们成为透明状的胶体,即成溶胶。溶胶(Sol)是由孤立的细小粒子或大分子组成,分散在溶液中的胶体体系。当液相为水时称为水溶胶(Hydrosol),当为醇时称为醇溶胶(Alcosol)。

将溶胶在一定条件下(温度、酸碱度等)进行老化处理,得到透明状的冻状物即称凝胶。凝胶是一种由细小粒子聚集而成三维网状结构的具有固态特征的胶态体系,凝胶中渗有连续的分散相介质;按分散相介质不同可分为水凝胶(Hydrogel)、醇凝胶(Alcogel)和气凝胶(Aerogel)。

溶胶—凝胶法在原理上分为溶剂化、水解、缩聚三个基本过程。

1) 溶剂化

$$M(H_2O)_n^{z+} = M(H_2O)_{n-1}(OH)^{(z-1)} + H^+$$

2) 水解反应

$$M(OR)_n + xH_2O = M(OH)_x(OR)_{n-x} + xROH$$

3) 缩聚反应

失水缩聚:$—M—OH + HO—M— = —M—O—M— + H_2O$

失醇缩聚:$—M—OR + HO—M— = —M—O—M— + ROH$

溶胶—凝胶法可精确控制各组分的含量,使不同组分之间实现分子、原子水平上的均匀混合,而且整个过程简单,工艺条件容易控制。

### 2. 溶胶-凝胶法的工艺过程

溶胶-凝胶法的基本工艺过程如下:

1) 将低粘度的金属的醇盐或金属盐(有机或无机)等先驱体(Precursors)均匀混合。先驱体可以提供最终所需要的金属离子。在某些情况下,先驱体的一个组分可能就是一种氧化物颗粒溶胶(Colloidal Sol)。

2) 制成均匀的溶胶,并使之凝胶。这是决定最终陶瓷材料化学均匀性的关键步骤。

3) 在凝胶过程中或在凝胶后成型、干燥,然后煅烧或烧结得到致密陶瓷。

**3. 溶胶-凝胶法在微系统领域的应用**

在微系统领域,溶胶-凝胶法常用于制备 PZT 陶瓷和多孔 $SiO_2$ 薄膜材料。采用溶胶-凝胶技术,在 Pt(111)/Ti/$SiO_2$/Si(100)基底上可以制备了不同厚度的 PZT 薄膜,在 600 ℃的退火条件下可以获得晶格完善的钙钛矿结构。但是溶胶-凝胶法体积收缩大,容易产生龟裂,限制了其在厚膜制备方面的应用。多孔二氧化硅是一种特殊电介质和绝缘材料,在微电子、光电子、生物工程领域有着广泛的应用。通过正硅酸乙酯(TEOS)的水解聚合形成二氧化硅溶胶先体,再通过甩胶、加热凝固工艺可以制备多孔二氧化硅薄膜。

## 4.5 表面改性技术

表面改性是指采用化学的、物理的方法改变材料或工件表面的化学成分或组织结构以提高零件或材料性能的技术。这些用以强化零件或材料表面的技术,赋予零件耐高温、防腐蚀、耐磨损、抗疲劳、防辐射、导电、导磁等各种新的特性。主要的表面改性技术包括表面氧化、表面扩散、离子注入等。

### 4.5.1 硅的热氧化

硅与含有氧化物质的气体,例如水蒸汽和氧气在高温下进行化学反应,而在硅片表面产生一层致密的二氧化硅($SiO_2$)薄膜。这是硅微加工技术中一项重要的工艺。常用的热氧化装置如图 4.26 所示,将硅片置于用石英玻璃制成的反应管中,反应管用电阻丝加热炉加热一定温度(常用的温度为 900~1 200 ℃),氧气和水汽通过反应管时,在硅片表面发生化学反应。

$$Si(固态) + O_2(气态) \longrightarrow SiO_2(固态)$$

或

$$Si(固态) + 2H_2O(气态) \longrightarrow SiO_2(固态) + 2H_2$$

生成的 $SiO_2$ 层,其厚度一般在数纳米到 2 微米之间。硅热氧化工艺,按所用的氧气气氛可分为:干氧氧化和湿氧氧化。干氧氧化是以干燥纯净氧气作为氧气气氛,在高温下氧气直接与硅反应生成二氧化硅。湿氧氧化实质是干氧氧化和水汽氧化的混合,氧化速率远远高于干

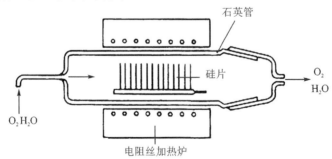

图 4.26 硅热氧化装置示意图

氧氧化。湿氧氧化则用干燥氧气通过加热的水(常用水温为 95 ℃)所形成的氧和水汽混合物形成氧化气氛。

伴随着氧化层向硅圆片内部的逐渐扩张,氧化层往内部深入的深度与胀出的厚度之比大约为 45∶55。由于热氧化过程是一个体积膨胀的过程,因此随着氧化层的变厚,氧化膨胀所产生的压应力会使氧化速度逐渐缓慢下来。热氧化二氧化硅为无定型结构,是由硅—氧四面体无规则排列组成的三维网络,由于结构致密、电阻率大($5 \times 10^{15}$ Ω/cm),介电常数达 3.9,因而是很好的绝缘和介电材料,已在半导体器件和集成电路中广泛地用作绝缘栅、绝缘隔离、互联导线隔离材料和电容器的介质层等。

## 4.5.2 热扩散

**1. 热扩散原理**

用加热扩散的方法,把一种或几种元素渗入基体(金属或半导体)表面,得到一个扩散层,此技术被称为热扩散技术。该技术的突出特点是表面强化层或不纯物层的形成主要依靠加热扩散的作用,因而不存在结合力不足的问题。热扩散技术主要有两类应用:一类是为了对金属基体进行表面强化而进行的表面热扩散,又叫作热渗镀;另一类是为了使半导体(Si、Ge、GaAs 等)表面获得特定的电学特性而进行的不纯物扩散(硼、磷等)。

热扩散首先从基体表面吸附和界面反应开始,然后通过扩散形成扩散层。它是基体和渗入元素原子混合或化合组成的薄膜层,所以热扩散形成的几个条件为

1) 渗入元素必须能与基体形成固溶体或化合物;
2) 渗入元素可以在界面被吸附;
3) 基体必须保持一定的温度,使原子获得足够的扩散动力;
4) 生成活性原子的化学反应必须满足一定的热力学条件。

热扩散过程的速率可通过控制扩散速度来控制。在渗入元素浓度较低的时候,热扩散系数与扩散层浓度无关,其扩散的方程式为

$$\frac{\partial C}{\partial t} = D \frac{\partial^2 C}{\partial x^2}$$

式中,$D$ 为热扩散系数,$C$ 为渗入元素浓度,$x$ 为扩散方向,$t$ 为扩散时间。热扩散系数 $D$ 与渗入元素的自身原子特性和温度有关。提高扩散温度,可以提高热扩散系数和扩散速度。

**2. 热扩散装置**

为了实现半导体表面不同浓度的 p 型或 n 型杂质掺杂,通常将半导体晶圆放入石英管炉中,通过对石英管炉的严格温度控制,通入含杂质元素的气体以实现浓度和深度可控的半导体掺杂。常用的 p 型杂质为硼,n 型杂质为砷和磷。根据扩散源的物理状态的不同,热扩散方法可以分为固体扩散法、气体扩散法和液体扩散法三类。液体扩散法最为常用,代表性扩散装置的构成如图 4.27 所示。

## 4.5.3 离子注入

离子注入是将杂质电离成离子并聚焦成离子束,在电场中加速而获得极高的动能后,注入基底中而实现掺杂的方法。离子注入技术提出于 20 世纪 50 年代,刚提出时是应用在原子物

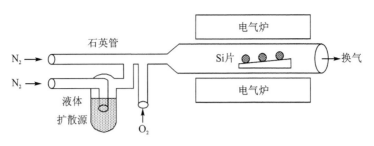

图 4.27　液体扩散装置原理图

理和核物理领域。后来,随着工艺的成熟,在 1970 年左右,这种技术被引进半导体制造行业,离子大大地推动了半导体器件和集成电路工业的发展。现在离子注入技术也被广泛应用于结构零件的表面改性中。

### 1. 基本原理

用能量为 0.1～1 MeV 量级的离子束入射到材料中去,离子束与材料中的原子或分子将发生一系列物理的和化学的相互作用,入射离子逐渐损失能量,最后停留在材料中,并引起材料表面成分、结构和性能的变化,从而优化材料表面性能或获得某些新的优异性能。离子具体的注入过程是:入射离子与半导体(靶)的原子核和电子不断发生碰撞,其方向改变,能量减少,经过一段曲折路径的运动后,因动能耗尽而停止在某处。

### 2. 离子注入装置的构成

如图 4.28 所示,离子注入机总体上分为七个主要的部分,分别是:

1) 离子源:用于离化杂质的容器。常用的杂质源气体有 $BF_3$、$AsH_3$ 和 $PH_3$ 等。
2) 质量分析器:不同离子具有不同的电荷质量比,因而在分析器磁场中偏转的角度不同,由此可分离出所需的杂质离子,且离子束很纯。
3) 加速器:为高压静电场,用来对离子束加速。该加速能量是决定离子注入深度的一个重要参量。
4) 中性束偏移器:利用偏移电极和偏移角度分离中性原子。

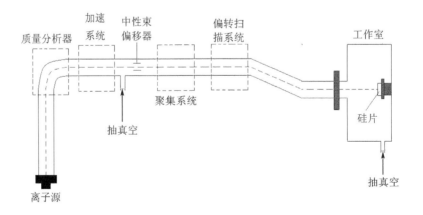

图 4.28　离子注入系统示意图

5) 聚焦系统：用来将加速后的离子聚集成直径为数毫米的离子束。
6) 偏转扫描系统：用来实现离子束 $x$、$y$ 方向的一定面积内进行扫描。
7) 工作室：放置样品的地方，其位置可调。

### 3. 离子注入技术的特点

关于离子注入和传统扩散工艺的比较，表 4.10 给出了其主要工艺特征的不同。离子注入具有以下优点：可控性好、注入温度低、工艺灵活、横向扩展小、易于实现自动控制、杂质的选择范围广等优点。

离子注入技术也有以下缺点：离子注入将在靶中产生大量晶格缺陷，因而需要后续的退火工艺处理；离子注入难以获得很深的结深；离子注入的生产效率比扩散工艺低；离子注入系统复杂昂贵。

表 4.10　离子注入和扩散工艺的比较

| | 扩 散 | 离子注入 |
| --- | --- | --- |
| 工作温度 | 高温，硬掩膜<br>900～1 200 ℃ | 低温，光刻胶掩膜<br>室温或低于 400 ℃ |
| 各向同/异性 | 各向同性 | 各向异性 |
| 可控性 | 不能独立控制结深和浓度 | 可以独立控制结深和浓度 |

# 练习题

**4.1**　理解气体放电与等离子体的产生过程。了解等离子体技术在薄膜制备中的应用。

**4.2**　分析射频溅射中自偏压产生的原因。

**4.3**　比较溅射和蒸镀工艺在工艺原理、成膜质量、台阶覆盖性等方面的异同。如果在玻璃基板上用光刻胶玻璃工艺进行电极图形化，应该优先选用的哪种成膜工艺？

**4.4**　了解磁控射频溅射仪的装置组成，并画出装置示意图。

**4.5**　化学气相沉积（CVD）的能量施加方式有哪些？查阅文献，给出一种多晶硅的 CVD 成膜工艺条件和装置。

**4.6**　硅热氧化工艺可以分为干法热氧化和湿法热氧化，请比较这两种工艺在原理、成膜速度和成膜质量方面的区别。

**4.7**　在单晶硅中进行不纯物掺杂的方式有哪些？请比较它们的优缺点。

**4.8**　思考在单晶硅上进行热氧化工艺后表面的二氧化硅的应力状态和硼扩散工艺后硅表面的应力状态。

**4.9**　电镀铜是一种常用的半导体工艺，请查阅一种电镀铜的溶液组成，思考给出在已知试件表面电流密度时，铜膜的成膜速度计算方法。

**4.10**　请列举在硅表面形成 $SiO_2$ 薄膜的方法有哪些？

# 第 5 章 微纳刻蚀加工

微纳米加工的最终目的是要在各种功能材料上制作微纳结构。光刻技术只是整个加工过程的第一步,而刻蚀加工是将光刻图形转移到功能材料表面,在各种功能材料上形成微纳米结构。本章在讲述刻蚀基本原理与关键参数的基础上,重点描述 MEMS 制造中常用的湿法刻蚀、等离子体刻蚀和气相刻蚀技术。

## 5.1 刻蚀基本原理与关键参数

刻蚀是用化学或物理方法有选择地从功能材料表面去除不需要的材料的过程。刻蚀的基本目标是在基板或功能薄膜表面准确地复制掩膜图形。有图形的掩膜层在刻蚀中不受到腐蚀源的显著侵蚀,用来在刻蚀中选择性地保护一定区域,而刻蚀掉未被保护的区域。

在微纳制造中有两种基本的刻蚀工艺:干法刻蚀和湿法刻蚀。干法刻蚀是把衬底或功能材料表面暴露于等离子体或气体中,等离子体或气体通过掩膜中开出的窗口,与功能材料发生物理或化学反应(或同时发生两种反应),从而去掉暴露的表面材料。在湿法刻蚀中,液体化学试剂(如酸、碱和溶剂等)以化学方式去除硅片表面的材料。湿法刻蚀一般用于尺寸较大的情况,也用于去除干法刻蚀后的残留物。此外,针对硅和二氧化硅,为满足特殊刻蚀需要,MEMS 技术人员研发出硅的 $XeF_2$ 气相刻蚀和二氧化硅的气相氢氟酸刻蚀技术。

在刻蚀技术中,有如下一些重要的参数。

**1. 刻蚀的方向性**

如图 5.1 所示,刻蚀可以分为各向同性刻蚀和各向异性刻蚀。各向同性是在所有方向上以相同的刻蚀速率进行刻蚀,这会导致被刻蚀材料在掩膜下产生钻蚀,带来不希望的线宽损失。假若不考虑基板材料的各向异性,湿法化学刻蚀本质上是各向同性的,因此湿法刻蚀一般不用于亚微米器件制作中的选择性图形刻蚀。一些干法刻蚀系统也能进行各向同性刻蚀。对于亚微米尺寸的图形来说,希望刻蚀是各向异性的,即刻蚀只在垂直于功能材料表面的方向进行,只有很少的横向刻蚀。这种垂直的侧壁使得在芯片上可制作高密度的刻蚀图形。各向异性刻蚀可以通过干法等离子体刻蚀和利用晶向特点的湿法刻蚀实现。

**2. 刻蚀速率**

如图 5.2 所示,刻蚀速率是指在刻蚀过程中去除材料的速度,计算方法:

$$刻蚀速率 = \Delta h / t$$

式中,$\Delta h$ 为去除的材料的厚度($Å$ 或 nm),$t$ 为刻蚀所用的时间(min)。

刻蚀速率由具体的工艺和设备参数决定,如被刻蚀的材料类型,刻蚀机的结构等。刻蚀速率通常与刻蚀剂的浓度、基片表面几何形状等因素有关。如要刻蚀的基片表面面积较大,则会过快地消耗刻蚀剂使刻蚀速率下降;如果刻蚀的面积较小,刻蚀速率就会较快。

(a) 各向同性刻蚀　　　　　　　　(b) 各向异性刻蚀

图 5.1　各向同性和各向异性刻蚀的剖面图

### 3. 选择比

选择比指的是在同一刻蚀条件下一种材料与另一种材料刻蚀速率的比值。在刻蚀工艺中，常用被刻蚀材料与掩蔽层(如光刻胶)的刻蚀速率比来表示掩蔽层的抗刻蚀能力。如图 5.3 所示，在一定的时间内，基片和光刻胶被刻蚀掉的材料厚度分别为 $\Delta h_1$ 和 $\Delta h_2$，则选择比为 $S = \Delta h_1/\Delta h_2$。选择比越高，说明在刻蚀的过程中，掩膜层消耗得越少，更有利于做深刻蚀。

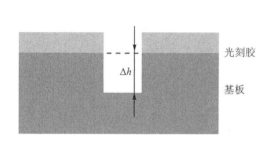
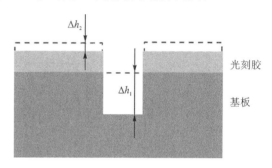

图 5.2　刻蚀速率示意图　　　　图 5.3　基片材料对掩蔽层的选择比示意图

### 4. 刻蚀偏差

刻蚀偏差是指刻蚀后线宽或关键尺寸的变化。如图 5.4 所示，掩蔽层的宽度为 $b_1$，但由于在实际的刻蚀过程中会不可避免地存在一定程度的侧向钻蚀，得到的结构的宽度为 $b_2$，则刻蚀偏差为 $\Delta b = b_1 - b_2$。

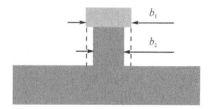

图 5.4　刻蚀偏差示意图

## 5.2　湿法刻蚀技术

湿法刻蚀技术是指应用化学腐蚀液体刻蚀样品的技术。由于主要依靠化学反应刻蚀样品，因此大部分的湿法刻蚀是各向同性的。当然也有例外，某些腐蚀液对硅的不同晶面有不同的腐蚀速率，会形成各向异性的刻蚀。湿法刻蚀技术的加工分辨率不高，目前不能用于纳米结构的刻蚀加工，主要应用于集成电路制造工艺的硅片表面清洗等。由于湿法刻蚀所需的设备成本要大大低于干法刻蚀技术，而且某些微机电系统和微流体器件的尺寸相对集成电路工艺的尺寸要大得多，湿法刻蚀目前也常被用在这些领域。

## 5.2.1 硅的各向同性湿法刻蚀

对于硅的各向同性刻蚀,主要采用酸性腐蚀液,最常用的腐蚀液是氢氟酸(HF)、硝酸($HNO_3$)与醋酸($CH_3COOH$)的混合,简称为 HNA。在 HNA 中,硝酸先使硅的表面氧化,然后氢氟酸将氧化部分的硅腐蚀溶解,醋酸主要起稀释作用,也可以以水代替醋酸。HNA 对硅的刻蚀速率取决于这三种酸的混合比例。3 种酸的混合比与刻蚀速率的关系,如图 5.5 所示。在采用两份氢氟酸和一份硝酸加少量醋酸形成的腐蚀液中,刻蚀速率达到最大为 240 $\mu m/min$。

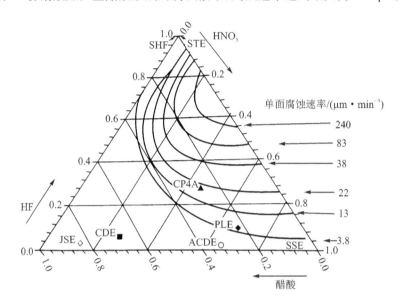

图 5.5 HNA 的混合比和腐蚀速率的关系

在 HNA 中,氢氟酸对硅和二氧化硅均有较强的腐蚀作用,硝酸对光刻胶具有强氧化作用,因此二氧化硅和光刻胶都不适合做刻蚀掩膜。可用 LPCVD 形成的氮化硅、铬膜或金膜作为 HNA 刻蚀的掩膜。氮化硅在 HNA 中的腐蚀速率在 10 nm/min 以下。

湿法刻蚀的一个主要问题是沿各方向的刻蚀速率与刻蚀液体的流动有关,在刻蚀过程中对液体的搅拌与否得到的结构会不一样。如图 5.6 所示,在相同掩膜的情况下搅拌与否得到了不同的刻蚀结构。

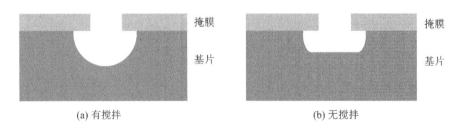

(a) 有搅拌　　　　　　　　　　　　(b) 无搅拌

图 5.6 搅拌刻蚀液体对刻蚀结构的影响

## 5.2.2 硅的各向异性刻蚀

硅在碱类化学腐蚀液中是各向异性刻蚀,刻蚀的方向主要和硅的晶面取向有关系。晶向是指沿任意两个晶格点连线的方向,晶面是指垂直于晶向矢量的彼此平行的平面。图5.7表示了单晶硅3个晶面的相对位置与原子排列情况。

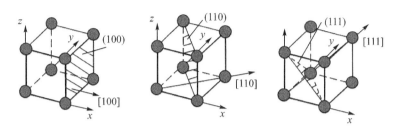

**图5.7 单晶硅的3个晶向与晶面原子分布情况**

某些碱类刻蚀液在硅的不同晶面方向的刻蚀速率有相当大的差异,以图5.7中所示的三个晶面为例,它们在氢氧化钾(KOH)中刻蚀速率之比为(110):(100):(111)=400:200:1。如图5.8所示,由于晶面之间的夹角不同,这种依赖于晶面的刻蚀速率差异将会造成不同的刻蚀结构。以(100)晶面的硅片为例,从[100]方向刻蚀得到的结构如图5.8(a)所示。所得到结构的剖面不是垂直的,而是呈54.74°夹角。这是由于[111]晶向与[100]晶向的夹角为54.74°,而[111]方向的刻蚀速率远小于[100]方向的刻蚀速率,随着刻蚀深度的增加,就不可避免地形成这种锥形剖面。

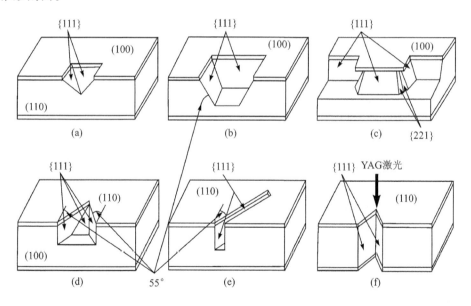

**图5.8 单晶硅各向异性刻蚀的结构示意图**

这种与硅片晶向有关的各向异性刻蚀使对刻蚀结构的控制变得很困难,最终得到的图形不一定是初始的设计图形。因此不能直观设计,最好根据计算机模拟来预先检验刻蚀结果。在刻蚀过程中,还需注意掩膜与晶向的对准问题。为了使掩膜与晶向能很好地对准,首先要知道硅片的晶面,可通过所购买硅片的商业标识或实验方法来测定。

常用的刻蚀硅的碱性腐蚀液包括氢氧化钾(KOH)、EDP(Ethylenediamine Pyrocatechol)和 TMAH(Trimethyl Ammonium Hydroxide),其中 KOH 使用范围最广泛。湿法刻蚀常被用来刻蚀去除大体积的材料,以得到某些悬空结构。由于需要做长时间的刻蚀,要求掩膜材料有很好的抗刻蚀能力。大部分光刻胶会溶于碱性溶液,因此光刻胶不能作为碱性刻蚀的掩膜层。二氧化硅虽然具有较好的抗干法刻蚀能力,但在 KOH 中的刻蚀速率也较大。最理想的掩膜材料是采用低压化学气相沉积法(LPCVD)形成的氮化硅膜。

另一种腐蚀液 EDP 对二氧化硅的刻蚀速率很低,一般比 KOH 低 100 倍,所以如果采用二氧化硅做掩膜,则可以用 EDP 做腐蚀液。EDP 还有一个优点是对硅的掺杂浓度很敏感,如在硅中掺杂硼时会使刻蚀速率下降。因此,可以通过离子注入或扩散对硅做掺硼处理以形成刻蚀阻挡层,可制作出悬空结构。EDP 的缺点是毒性大,需要有排风装置。另外一种腐蚀液是 TMAH,其本身就是一种光刻胶的显影液。TMAH 对二氧化硅的刻蚀速率也很低,因此可用二氧化硅作为掩蔽层。其不像 EDP 有毒性,并且所形成的刻蚀表面的光滑度要比 KOH 好,因此其目前是刻蚀硅微纳米结构的最佳碱性腐蚀液。其还有一个优点是不含碱金属离子,可以安全地应用于集成电路制造。

## 5.2.3 $SiO_2$ 和 SiN 的湿法刻蚀

### 1. $SiO_2$ 的湿法刻蚀

二氧化硅在微系统技术中除了用来制作绝缘膜,还被大量用来作为牺牲层材料。在硅的面微加工技术中,牺牲层工艺是形成表面可移动微结构的关键工艺。图 5.9 是典型的面微加工中的二氧化硅牺牲层工艺。在衬底材料表面先沉积一定厚度的二氧化硅层,再在二氧化硅上沉积一层多晶硅。将多晶硅制作成微结构后,用湿法刻蚀技术去除二氧化硅,从而使多晶硅结构局部悬空,形成可移动部件。在此工艺流程中,各向同性刻蚀是关键,因为只有各向同性刻蚀才能去除多晶硅与衬底之间的夹层。

二氧化硅腐蚀液以氢氟酸为主,通常采用的是加缓冲剂的氢氟酸(Buffered HF),缓冲腐蚀液(Buffered Oxide Enchant,BOE)是由 5 份氟氨酸 $NH_4F$(40%质量分数)与 1 份氢氟酸 HF(49%质量分数)混合而成。为了清除微结构覆盖下的牺牲层,腐蚀液的横向刻蚀速率特别重要。有两种方法可以提高横向刻蚀速率。第一种是在氢氟酸中加入适当的盐酸(HCl),不仅提高了刻蚀速率,而且由于氢氟酸和盐酸的混合溶液对氮化硅和多晶硅的刻蚀速率较低,有利于保护其不受酸液的腐蚀。另一种更有效的方法是采用掺磷或掺硼的二氧化硅(磷硅玻璃和硼磷硅玻璃),氢氟酸和盐酸的混合溶液对其的刻蚀速率很高,有利于横向刻蚀。

### 2. SiN 的湿法刻蚀

对于 SiN 的湿法刻蚀,一般采用浓度为 85% 的浓磷酸作为腐蚀液,并将其加热到 160 ℃,采用二氧化硅作为掩蔽层。在刻蚀过程中,应注意水的蒸发,当浓磷酸水含量降低时,其对氮化硅的刻蚀速率下降,对二氧化硅的刻蚀速率上升,刻蚀的选择性变差。为了防止水分蒸发影响刻蚀的效果,刻蚀系统必须有冷却回流装置。

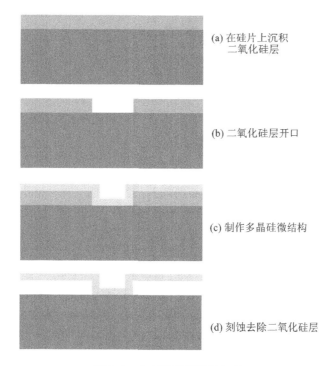

图 5.9　二氧化硅牺牲层工艺

## 5.2.4　其他材料的湿法刻蚀

### 1. 铝的湿法刻蚀

对于铝的湿法刻蚀,一般采用的刻蚀液为磷酸:硝酸:冰醋酸:去离子水按照体积比50:2:10:9的比例配置成的溶液,并将其加热到60 ℃,可以用光刻胶作为掩膜层。此刻蚀为各向同性刻蚀,刻蚀速率与酸的配比和铝膜的制备条件有关。硝酸与铝反应生成 $Al(NO_3)_3$,提高硝酸的含量可以增加刻蚀速率,但是不能增加地太多,否则会削弱光刻胶的抗刻蚀能力。冰醋酸起到降低刻蚀液表面张力的作用,增加铝表面与刻蚀液浸润,提高刻蚀的均匀性。铝湿法刻蚀的过程中会生成大量气泡,可加入适当的乙醇来消除气泡。

### 2. 其他金属的湿法刻蚀

对于其他一些金属,可采用如下表 5.1 所列的刻蚀液和掩蔽层。

表 5.1　微纳加工其他常见金属材料的湿法刻蚀液

| 材　料 | 刻蚀液 | 掩蔽层 |
| --- | --- | --- |
| 黄铜(Cu:Zn) | $FeCl_3$ | $SiO_2$, SiN, Si, 光刻胶 |
| 青铜(Cu:Sn) | 1% $CrO_3$ | $SiO_2$, SiN, Si, 光刻胶 |
| 金(Au) | $1I_2$:2KI:$10H_2O$ | $SiO_2$, SiN, Si, 光刻胶 |
| 银(Ag) | $1NH_4OH$:$1H_2O_2$ | $SiO_2$, SiN, Si, 光刻胶 |
| 不锈钢(Fe:C:Cr) | 1HF:$1HNO_3$ | SiN, 光刻胶 |

## 5.3 等离子体刻蚀技术

### 5.3.1 等离子体机理

根据对等离子体的利用情况,可以分为等离子体物理刻蚀、等离子体化学刻蚀和反应性等离子体刻蚀等3种基本机理。

**1. 等离子体物理刻蚀**

等离子体物理刻蚀又称为溅射刻蚀,其纯粹利用带电离子的轰击作用进行刻蚀。在等离子体物理刻蚀中,常采用氩气作为离子源气体,因为氩气本身是惰性气体,氩离子与样品表面不发生任何化学反应。

等离子体物理刻蚀分为两种方式,一是等离子体溅射,二是离子束溅射。在等离子体溅射中,离子只在阴极区被加速轰击被加工材料表面,因此溅射效率低,一般只有每分钟几百埃的刻蚀速率。因此,等离子体溅射一般不用来作为刻蚀工具,只作为薄膜沉积工具。比较典型的应用是磁控溅射镀膜机中的衬底高能离子清洗工艺。在磁控溅射镀膜机中,为了提高膜层的附着力,在镀膜之前通常采用高能离子轰击清洗衬底表面,以去除表面污染物,这一清洗工艺便是溅射刻蚀。

离子束溅射是一种应用更为普遍的等离子体物理刻蚀技术。与等离子体溅射不同的是,离子束溅射刻蚀系统将等离子体产生区与样品刻蚀区分开。在等离子体产生区产生的离子通过加速电极引出轰击到样品表面,增加了刻蚀速率,可达到10~300 nm/min,远高于一般等离子体溅射刻蚀。离子束溅射中所产生的离子束是宽束,整个样品表面被一次性溅射。离子束溅射可以刻蚀任何材料,刻蚀速率仅取决于该材料的离子溅射产额。

离子束溅射对材料没有选择性,掩膜消耗速率很快,因此刻蚀深度有限。在刻蚀过程,光刻胶和PMMA等由于刻蚀速率也较快,不适合作为掩膜材料。在离子束溅射中,不仅掩膜厚度随着刻蚀深度的增加而减薄,掩膜的形状也会变形。如图5.10所示,因为尖角处的掩膜总是最先消耗掉,掩膜下的结构也随之改变形状,形成所谓"凸台"结构。这种现象在以光刻胶为掩膜的情况下最为严重,以电镀金属等硬质材料做掩膜层会大大减轻凸台现象。等离子体物理刻蚀不能形成挥发性产物,溅射产物会再沉积到溅射系统的各个部位。样品在刻蚀中倾斜和旋转能够有效地清除侧壁上的二次沉积层。

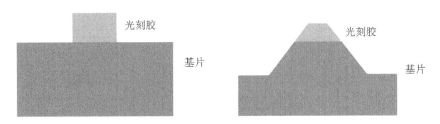

图5.10 离子束溅射刻蚀中的小面现象

### 2. 等离子体化学刻蚀

等离子体化学刻蚀主要是利用等离子体与样品的化学反应进行刻蚀,属于各向同性刻蚀。在刻蚀过程中,被刻蚀样品放置在阳极表面,由于阳极表面的电场很弱,离子轰击溅射效应可以忽略不计。

等离子体化学刻蚀在大规模集成电路(VLSI)制造中主要用来进行大面积的非图形化刻蚀,如清除光刻胶层。由于其是各向同性刻蚀,还被广泛用来清除牺牲层,如制作电子器件或MEMS器件中悬空的微结构。传统的湿法刻蚀在去除牺牲层时,其液体的表面张力会使悬空的微结构粘附在衬底表面,使整个器件失效。而等离子体化学刻蚀是一种各向同性的干法刻蚀,能钻蚀到微结构覆盖下的牺牲层材料。

### 3. 反应性等离子体刻蚀

反应性等离子体刻蚀是等离子体物理刻蚀和化学刻蚀的结合,同时利用了物理和化学作用。其偏向于各向异性刻蚀,有良好的形貌控制能力,同时有较高的选择比和较快的刻蚀速率。其已成为目前应用范围最广的干法刻蚀。

反应性等离子体刻蚀有两个必要条件,一是离子与化学活性气体需参与被刻蚀材料的反应,二是反应生成物必须为挥发性产物,可以被真空系统抽走,离开刻蚀表面。如图 5.11 所示,一个反应性等离子体刻蚀的工艺主要包括三个过程。

1) 轰击溅射。一般将被加工材料放置于阴极表面。反应气体被电离成离子,在阴极电场的加速下轰击到材料表面。一方面清除被加工材料表面的天然氧化层等,一方面做物理溅射刻蚀。

2) 离子反应。离子源气体被电离生成离子和电子,离子可直接与材料表面的原子发生反应,生成挥发性产物被排出。

3) 离子源气体经过电离生成具有化学活性的分子或原子(自由基),其与被加工材料反应生成挥发性产物被排出。

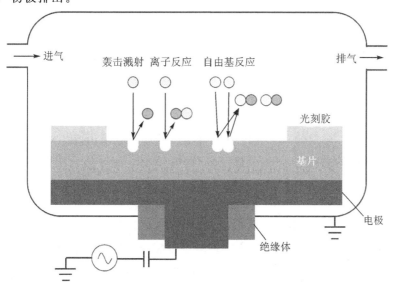

图 5.11 反应性等离子体刻蚀的基本过程

## 5.3.2 反应性离子刻蚀

反应性等离子体刻蚀中所采用的离子源气体一般以卤素类气体为主,在具体的刻蚀过程中,需根据被刻蚀材料的不同选择离子源气体。由于反应产物必须为挥发性的,便于被真空系统排出,而挥发性可由某一反应产物的沸腾温度表示,沸腾温度越高,挥发性越低。因此,应选择能生成沸腾温度低的反应产物的离子源气体。此外,通过对样品台加热也可增加反应产物的挥发性。一般对于Ⅲ~Ⅴ族的化合物半导体材料的刻蚀,都需要对样品台加热,使之接近于反应产物的沸腾温度,从而有效的实现反应离子刻蚀。所选择的刻蚀气体不能具有较强的腐蚀性,以免腐蚀刻蚀系统中的器件,所以碘及其化合物从来不被选择作为刻蚀气体。

### 1. 反应性等离子体深刻蚀

传统的反应性等离子体刻蚀由于受设备和工艺的限制,仍存在侧向钻蚀,不能得到高深宽比的结构。但是随着大规模集成电路技术和微机械技术的发展,越来越多的器件要求有高深宽比的微细结构,如在大规模集成电路中需要制造的器件间的绝缘隔离墙和MEMS中微传感器或微执行器件的关键部件。反应性等离子体深刻蚀技术,使刻蚀高深宽比的结构成为可能。

反应性等离子体深刻蚀主要依靠两种关键技术,一是电感耦合等离子体源(Induction Coupling Plasma,ICP),二是Bosch工艺。电感耦合等离子体源主要解决传统平板电极高刻蚀速率和高选择比相互矛盾的问题。在电感耦合等离子体源中,等离子体产生区与刻蚀区是分开的。在等离子体产生区,通过感应线圈把射频功率从外部耦合进入等离子体发生腔体,电感耦合的电磁场可以长时间维持等离子体区内电子的回旋运动,增加了电离几率,能产生很高的等离子体密度($>5\times10^{11}$ cm$^{-3}$)(传统反应性等离子体刻蚀的等离子体密度只有$10^8\sim10^{10}$ cm$^{-3}$),而反应离子刻蚀速率直接与等离子密度有关,这样就增加了刻蚀速率,使得刻蚀厚度较深时不需要太长的时间。在刻蚀区,样品台基板采用独立的射频功率,所产生的自偏置电压可以独立控制,即可以控制离子轰击能量,保证刻蚀材料对掩蔽层有较高的选择比。

Bosch工艺主要解决侧向钻蚀的问题,以得到比较垂直的边壁。传统反应性等离子体刻蚀中存在化学作用,即存在各向同性刻蚀,当刻蚀深度越深时,刻蚀出的结构与设计相差越大。为了阻止或减弱侧向刻蚀,只有设法在刻蚀的边壁沉积一层抗刻蚀薄膜,这就是Bosch工艺,就是在反应性等离子体刻蚀的过程中不断在边壁上沉积抗刻蚀层。图5.12表达了基本的Bosch工艺流程,主要为刻蚀和钝化的交替过程。

(1) 刻 蚀

先往腔室中通入一定量的刻蚀气体(对于硅的刻蚀,一般采用$SF_6$和$O_2$),同时打开等离子体产生区和刻蚀区的射频源,刻蚀气体电离对材料刻蚀。由于有化学作用,存在一定的侧向钻蚀。

(2) 钝 化

往腔室中通入钝化气体(对于硅材料,一般采用$C_4F_8$),只打开等离子体产生区的射频源,关闭刻蚀区的射频源。$C_4F_8$气体在等离子环境中分裂出活性自由基,与被刻蚀材料的表面发生化学反应,生成聚合物薄膜,此薄膜能阻止被刻蚀材料与刻蚀气体的反应。

(3) 再刻蚀

所示,在反应腔室中通入刻蚀气体,同时打开等离子体产生区和刻蚀区的射频源。刻蚀区域的底部受到正离子的轰击作用比刻蚀区域的侧壁强烈得多,故刻蚀区域底部的聚合物薄膜被去除,而侧壁的聚合物薄膜仍存在。暴露出来的底面开始与刻蚀气体反应,由于侧壁被聚合物保护,故前一步的结构并没有被侧向刻蚀。

**(4) 再钝化**

再次向反应腔室中通入钝化气体,打开等离子体产生区的射频源,关闭刻蚀区的射频源,则前一步生成的刻蚀表面再次被聚合物薄膜所覆盖。

通过上述的"刻蚀—钝化—再刻蚀—再钝化"的过程,刻蚀只沿深度方向进行,故能获得大深宽比的结构。但是,在 Bosch 工艺中由于刻蚀与钝化的互相转换,而每一步的刻蚀都存在轻微的侧向钻蚀,因此造成刻蚀边壁表面的波纹效应。图 5.13(a)所示为典型的由于 Bosch 工艺形成的边壁波纹,其表面粗糙度可高达 100 nm。有两种方法可以减弱这种波纹效应,一是缩短刻蚀与钝化的周期,二是可以将经过反应性等离子体深刻蚀的样品放入湿法腐蚀液中,可将表面的波纹起伏腐蚀平滑。

对于表面波纹效应,如果器件本身的尺度在数十微米以上,一般没有影响,但是如果刻蚀结构本身的尺度只有 100 nm 或 100 nm 以下,就会产生不利影响。例如当采用反应性等离子体深刻蚀技术制作纳米压印模具时,这种波纹会影响压印后的脱模。为了实现 100 nm 以下深刻蚀的结构,可以用氢气退火处理的方式降低表面粗糙度,如图 5.13(b)所示,粗糙度可降低到 1 nm 以下。

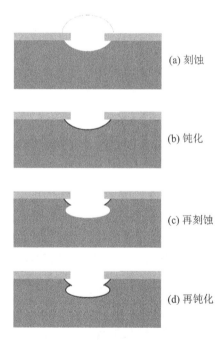

图 5.12 Bosch 艺流程

虽然反应性等离子体深刻蚀技术有一系列的优点,但由于刻蚀深度增加也带来了一些负面效应,主要包括负载效应、微沟槽效应和缺口效应。

**(1) 负载效应**

负载效应是指局部刻蚀气体的消耗大于供给引起的刻蚀速率下降或分布不均匀的效应。其分为3种:宏观负载效应、微观负载效应及与刻蚀深宽比相关的负载效应。宏观负载效应是

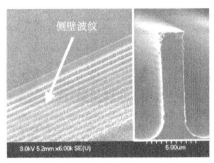
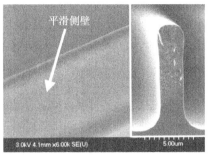

(a) Bosch工艺形成的典型边壁波纹　　　　(b) 1 100 ℃ H$_2$退火处理降低粗糙度

**图 5.13　Bosch 工艺形成的边壁波纹与退火消除方法**

指因刻蚀总面积的增加而导致的整体刻蚀速率的下降,如图 5.14(a)所示。微观负载效应是指在同一设计图案内图形密度的不同导致刻蚀速率的不同,如图 5.14(b)所示。在图形密集的区域反应离子的有限成分消耗得快,造成供给失衡,刻蚀速率下降,这造成样品整体刻蚀深度的不均匀分布。与刻蚀深宽比相关的负载效应是指随刻蚀宽度的不同,刻蚀速率不同,如图 5.14(c)所示。这主要是因为高深宽比结构图形随着刻蚀深度的增加,刻蚀表面的有效反应成分更新越来越困难。这种效应也被称为 RIE 滞后效应或孔径效应。

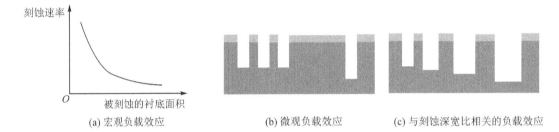

(a) 宏观负载效应　　　　(b) 微观负载效应　　　　(c) 与刻蚀深宽比相关的负载效应

**图 5.14　反应性等离子体刻蚀中的负载效应**

**(2) 微沟槽效应**

微沟槽效应是指深刻蚀过程中边角的刻蚀深度大于中心部分刻蚀深度的一种现象,如图 5.15 所示。对于微沟槽效应产生的原因,目前有一种假设认为其是由高能离子在刻蚀结构的侧壁下滑并直接轰击溅射侧壁的边角造成的,其机理说明如图 5.15(b)所示。由于侧壁表面近于垂直的角度,小角度掠射到侧壁的离子会被直接反射到侧壁底部的边角,形成一种聚焦

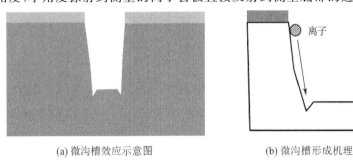

(a) 微沟槽效应示意图　　　　(b) 微沟槽形成机理

**图 5.15　微沟槽效应及其形成机理图**

效应,使侧壁边角处的刻蚀速率额外增加。一般来说,刻蚀深度越深,微沟槽效应越明显。向刻蚀表面喷射电子,可以达到减小微沟槽效应的效果。

**(3) 缺口效应**

缺口效应是发生在刻蚀 SOI(Silicon on Insulator)硅片时的一种现象。SOI 硅片是一种特殊的硅片,它是由两层单晶硅中间夹一层二氧化硅形成的。由于有二氧化硅层隔离,器件层硅单晶的反应离子刻蚀会自动在二氧化硅隔离层停止。虽然深刻蚀有以上提到的负载效应,但二氧化硅层保证了均匀一致的刻蚀深度。实验发现刻蚀速率快的图形在刻蚀到二氧化硅层后并没有完全停止,而是继续沿二氧化硅层表面横向刻蚀,形成"缺口",如图 5.16 所示。发生缺口效应的原因是离子在二氧化硅层表面积累形成一个局部正电场,此电场将入射离子向两侧偏转,造成对界面处硅的继续刻蚀。由于二氧化硅层的绝缘性,离子电荷的积累是不可避免的,缺口现象也无法避免,除非将局部正电荷移走,或者降低刻蚀样品台偏置电压的频率,使积累的正电荷在偏置电压关断期间有时间逸散。

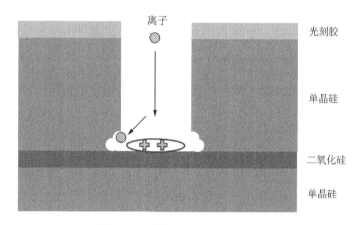

**图 5.16 "缺口"效应及其机理图**

## 2. 其他材料的反应性离子刻蚀

一些常见的刻蚀材料及其对应的刻蚀气体如表 5.2 所列。每一种材料有多种气体可以选择,具体选择哪一种气体需根据具体刻蚀的要求。如刻蚀硅材料,既可以采用氟化物气体,也可以采用氯化物气体。氟原子与硅反应剧烈,属于各向同性刻蚀,而氯原子与硅反应不剧烈,需要离子轰击刻蚀辅助,属于各向异性刻蚀,但刻蚀速率与选择比不如氟化物刻蚀气体。

反应性等离子体刻蚀的性能主要从刻蚀结构的各向异性程度,掩膜与刻蚀材料的选择比,刻蚀速率等指标来衡量,这些通过刻蚀过程中对各参数的调节来保证。反应性等离子体刻蚀是一个复杂的物理化学反应过程,是一项实验性的技术,需要通过实验来摸索出最佳工艺参数。与其有关的重要参数有反应气体流量、放电功率、反应室气压和电极温度等。

**表 5.2 被刻蚀材料及其对应的刻蚀气体**

| 被刻蚀材料 | 刻蚀气体 |
| --- | --- |
| 光刻胶 | $O_2$ |
| 单晶硅 | $CF_3Br$,$HBr/NF_3$,$SF_6/O_2$ |

续表 5.2

| 被刻蚀材料 | 刻蚀气体 |
|---|---|
| 多晶硅 | $SiCl_4/Cl_2$,$BCl_3/Cl_2$,$HBr/Cl_2/O_2$,$HBr/O_2$,$Br_2/SF_6$ |
| $SiO_2$ | $CCl_2F_2$,$CHF_3/CF_4$,$CHF_3/O_2$,$CH_3CHF_2$ |
| $Si_3N_4$ | $CF_4/O_2$,$CF_4/H_2$,$CHF_3$,$CH_3CHF_2$ |
| GaAs | $SiCl_4/SF_6$,$SiCl_4/NF_3$,$SiCl_4/CF_4$ |
| Al | $SiCl_4/Cl_2$,$BCl_3/Cl_2$,$HBr/Cl_2$ |

## 5.4 气相刻蚀技术

上述介绍的是等离子体形态的刻蚀方法,也可以直接采用可与被刻蚀材料反应的气体来刻蚀。相对于等离子体刻蚀,这种方法较简单,不需要产生等离子体的装置,只需要真空系统。目前气相刻蚀技术主要有基于气相 $XeF_2$ 的硅刻蚀和气相氢氟酸的二氧化硅刻蚀两种。

### 5.4.1 气相 $XeF_2$ 的硅刻蚀

二氟化氙($XeF_2$)在常温常压下呈白色固体粉末状态,但蒸汽压很低(约 3.8 Torr,25 ℃),在 1~4 Torr 的低真空下升华为气态。在气态可以直接与硅反应生成挥发性的 $SiF_4$,由于这主要是化学反应,因此属于各向同性刻蚀。二氟化氙在气相状态与硅的反应为

$$2 XeF_2(气态) + Si \rightarrow 2 Xe(气态) + SiF_4(气态)$$

二氟化氙气相刻蚀可以通过两种方式实现,一种是脉冲供气式,另一种是恒流供气式。脉冲供气方法首先将样品空间抽真空至 20 mTorr 左右,然后通入 $XeF_2$ 蒸汽。待反应室气压达到 1.4 Torr 时关上进气阀,让 $XeF_2$ 蒸汽与样品作用 20 s 左右,打开抽气阀将真空恢复到 20 mTorr,然后进行下一周期的进气。恒流供气方法则是利用节流阀将样品空间内的 $XeF_2$ 气压控制在 1.4 Torr 左右,直到所需要的刻蚀时间达到后关上进气阀。

$XeF_2$ 气相刻蚀有如下两个优点:一是由于其只对硅起反应,因此有非常高的选择比;二是其是完全的各向同性刻蚀,且侧向钻蚀能力特别强,使之成为清除牺牲层、制作悬挂式微结构的有效方法。但其也存在以下三个缺点:一是刻蚀速率与硅的晶向或掺杂水平无关,刻蚀深度只与时间有关,因此不能设置腐蚀阻挡层;二是其刻蚀形成的表面非常粗糙,可达数微米以上,通过与其他卤素气体混合使用可改善表面刻蚀粗糙度;三是 $XeF_2$ 气体价格较贵,使批量化使用受限制。

### 5.4.2 气相氢氟酸的 $SiO_2$ 刻蚀

在 20 世纪 90 年代,HF 气相刻蚀技术就被引入到 MEMS 器件的制作工艺中,主要用来刻蚀 $SiO_2$,其具有湿法刻蚀和干法刻蚀的双重优点。在实际的刻蚀过程中,可采用 HF/水混合气体或 HF/乙醇混合气体来改善单纯采用 HF 气体刻蚀的不良影响。HF/水混合气体刻蚀的主要原理是利用 HF 和水蒸气分子在结构表面的吸附,从而导致对 $SiO_2$ 的刻蚀,生成挥发性的硅氟化物。其化学反应如下:

$$SiO_2 + 4HF(吸附状态) \longrightarrow SiF_4(吸附状态) + 2 H_2O(吸附状态)$$

在化学反应的过程中,水蒸气分子促进 $HF_2^-$ 离子的生成,是一个催化剂。但反应中的水分子冷凝在 Si 片表面,影响刻蚀结果。因此在刻蚀工艺中,应尽量避免水蒸气的冷凝,可以通过保持 HF 气体较高的流速和低的反应压强,或者用醇类气体代替水蒸气,还可以通过改变衬底的温度来减弱水蒸气分子的冷凝。气相 HF 刻蚀装置的装置组成如图 5.17 所示。热烘板用于加热使 HF 酸挥发,加热器用于提高样品表面温度避免水蒸气冷凝。

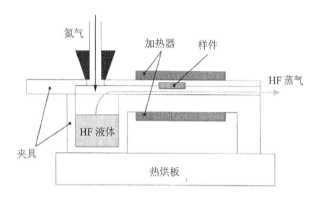

**图 5.17　HF 刻蚀装置示意图**

在实际刻蚀过程中,采用有乙醇的混合气体在同等条件下,刻蚀速率比有水蒸气的混合气体慢,这是由于乙醇的挥发带走水蒸气,使得刻蚀材料表面的 $OH^-$ 会减少,减弱 HF 与 $SiO_2$ 的反应。这更有利于控制图形的精度,但是不利于快速释放牺牲层。同样,当衬底的温度升高时,吸附在刻蚀材料表面的 $OH^-$ 也会减少,刻蚀速率也减小。

# 练习题

**5.1**　湿法刻蚀单晶硅的主要刻蚀剂有哪些?其中,哪几种可以实现各向异性刻蚀,各有什么特点。

**5.2**　请列举 3 种以上刻蚀 $SiO_2$ 的具体方法。

**5.3**　请描述超临界干燥的基本原理及其在微加工中的主要用途。

**5.4**　请描述等离子刻蚀的三种基本机理,并在一般意义上说明其在选择比、方向性、刻蚀速度等方面不同。

**5.5**　请描述 Bosch 工艺的基本原理,并查阅资料分析其装置的组成。

**5.6**　请简单描述等离子深硅刻蚀中的微观负载效应和宏观负载效应。

**5.7**　请思考可以实现高深宽比的硅刻蚀的方法有哪些,并针对其中某一方法查阅文献资料举例描述具体工艺条件。

**5.8**　请写出气相 $XeF_2$ 的硅刻蚀的工艺原理的化学方程式,分析在刻蚀过程中的气压变化。

**5.9**　根据前面三章所学内容,思考一下如何在玻璃衬底上实现平面结构的铜微线圈,请画出具体工艺路线并具体描述。

**5.10**　根据前面三章所学内容,思考一下如何在 SOI 晶圆上实现压阻式硅微悬臂梁,请画出具体工艺路线并具体描述。

# 第6章 键合与封装技术

微系统的制造中常需要多层结构的键合以形成最终的传感器和驱动器,键合也是器件封装必不可少的环节。本章介绍常用的键合技术,包括阳极键合、直接键合、金属扩散键合、共晶键合、树脂键合和等离子体辅助键合等。此外,本章还将介绍微机电系统封装的基本方法及其与集成电路的融合技术。

## 6.1 键合原理与技术

### 6.1.1 阳极键合

阳极键合技术又称静电键合,是一种将硅和玻璃键合在一起的工艺方法。阳极键合有工艺简单、残余应力小、结合强度高、密封性好等优点,已广泛应用于MEMS加工、微电子堆叠和微系统封装技术等领域。

**1. 玻璃与硅片之间的阳极键合**

图6.1是富含钠元素的玻璃晶片与硅片阳极键合的结构示意图。阳极键合通常需要在硅片上(阳极)施加一个500~1 000 V的直流电压。夹在两个电极之间的绝缘玻璃和半导体硅基片形成一个有效的平行板电容器,加载在两个电极上的电压使两块晶片间产生静电力。引力大到把玻璃中的原子与硅中的原子拉到原子间距离时,去掉电压后由于原子间引力作用,硅与玻璃键合起来。

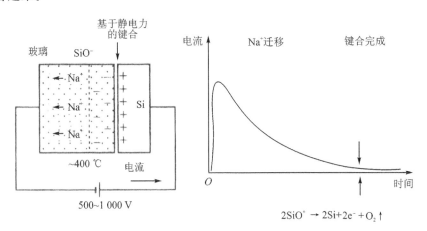

图6.1 阳极键合的机理

硅与玻璃的键合过程实际上是通过在电场的作用下界面处形成了一层极薄的$SiO_2$来实现的。在施加电场的影响下,玻璃中的($Na^+$)在电场力吸引下向带负电荷的阴极移动,形成钠离子耗尽而只含氧离子的负电荷区域。通过对系统加热,这些氧负离子将与接触的$Si^+$离子产生化学结合,并在界面处形成约 20 nm 的非常薄的 $SiO_2$ 膜,这层薄膜即是硅和玻璃晶片之间的结合层。

与普通玻璃相比,Pyrex7740 玻璃含有丰富的钠,而且热膨胀系数和单晶硅接近,所以经常与阳极键合。影响阳极键合效果的因素有温度、电场以及电流密度等。为了减小键合引起的应变,需要充分考虑玻璃和硅片热膨胀系数在不同温度下的差异。

**2. 硅晶片间的阳极键合**

阳极键合方法也可应用于硅片之间。$Na^+$ 离子的迁移是阳极键合的首要因素。因此,在对键合硅晶片表面进行特定预处理后,才有可能使用这种方法实现硅晶片之间的键合。参照图 6.2 顶部所示,在两块硅晶片的键合表面都生长一层薄的 $SiO_2$,然后将其中一块硅晶片的氧化表面放入富含钠的腔室中添加钠元素。再将两片硅晶片叠放在一起进行阳极键合,富含钠的硅晶片与阳极连接。硅晶片间的键合过程需要在 1 700 V 以上的直流电压和 500 ℃ 以上的温度条件。

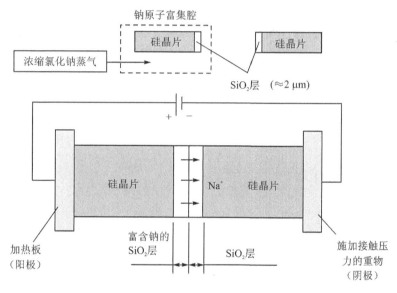

图 6.2 硅片间的阳极键合

## 6.1.2 直接键合

直接键合方法依赖于晶片表面十分光滑平整的状态下的自然吸引力,例如,光滑的金属表面达到原子尺度清洁时就会键合到一起。两硅片也可以在不需要任何粘结剂和外加电场的情况下,通过高温处理可以直接键合在一起,这种键合技术称为硅—硅直接键合技术,又称硅-硅熔融键合(Silicon Fusion Bonding,SFB)。需要特别指出的是,实际上硅在常压下的熔点为 1 410 ℃,硅直接键合时(800 ℃)硅片并没有达到熔融状态。直接键合技术可以应用于硅-硅、硅-石英、石英-石英、GaAs-硅等晶片间的键合,在 SOI 晶片制备、微机械器件封装中有比较广泛的应用。但是由于直接键合时需要很高的温度条件,与 IC 工艺的兼容性差。

**1. 直接键合的基本原理**

现阶段直接键合的机理尚未完全确立,其中一个经典的解释是在直接键合过程中硅醇基的聚合反应,可用如图6.3所示三个阶段的键合过程加以描述。

第一阶段,从室温到200 ℃,两硅片表面吸附—OH团,在相互接触区产生氢键。在200 ℃时,形成氢键的两硅片的硅醇键之间发生聚合反应,产生水及硅氧键,即

$$Si—OH + HO—Si \longrightarrow Si—O—Si + H_2O$$

到400 ℃时,聚合反应基本完成。

第二阶段,温度在200～800 ℃范围内,在形成硅氧键时产生的水向$SiO_2$中的扩散不明显,而OH团可以破坏桥接氧原子的一个键使其转变为非桥接氧原子,即

$$HOH + Si—O—Si = 2H^+ + 2Si—O^-$$

第三阶段,温度高于800 ℃后,水向$SiO_2$中扩散变得显著,而且随温度的升高扩散量呈指数增大。键合界面的空洞和间隙处的水分子可在高温下扩散进入四周$SiO_2$中,从而产生局部真空,这样硅片会发生塑性变形使空洞消除。同时,此温度下的$SiO_2$粘度降低,会发生粘滞流动,从而消除了微间隙。超过1 000 ℃时,邻近原子间相互反应产生共价键,使键合得以完成。

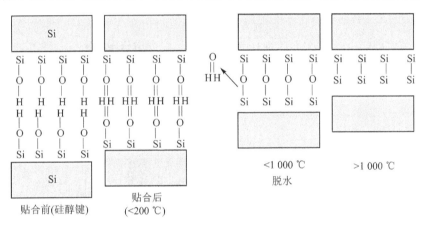

图6.3 硅直接键合的机理与过程

### 2. 直接键合的工艺过程

直接键合工艺包含三个基本步骤:表面处理、接触和热处理。

直接键合前,硅晶片表面需要进行水合反应。通过把硅片浸在$H_2SO_4$-$H_2O_2$、稀硫酸、热硝酸等溶液里,可以在硅片氧化膜表面形成亲水性的羟基层。此外,氧气等离子的照射也可以增强表面的羟基数量。

羟基化处理后,在室温下将两硅片面对面贴合在一起,然后将贴合好的硅片,在$O_2$或$N_2$环境中经数小时的高温处理后就形成了键合,温度在键合过程中起着关键的作用。硅片表面的平整度也是重要的影响因素,如果硅片有较小的粗糙度,则在键合过程中,会由于硅片的弹性形变或者高温下的粘滞回流,使两键合片完全结合在一起,界面不存在孔洞。若表面粗糙度很大,键合后就会使界面产生孔洞。相对于阳极键合技术不太严格的表面粗糙度要求,直接键合技术要求硅晶片的粗糙度不能超过1 nm,平面度要小于5 μm。

## 6.1.3 金属键合

相比其他中间层材料,金属具有更低的透气性,因此可以提供更好的气密等级。金属密封材料在晶片上占用更小的面积,晶片也就可以容纳更多的器件,所以在提高气密性的同时,微

机械部件的实际尺寸也减小了。金属密封技术的另一个特点是,它为芯片提供了电通路。所以在设计芯片时可以引入垂直互联金属层,实现晶片堆叠和先进封装技术,从而进一步减小芯片尺寸,降低成本。金属键合大体上可以分为金属扩散键合和共晶键合两类。

**1. 金属扩散键合**

金属扩散键合是一种利用金属中间层的热压力键合,是物质界面间原子相互混合的结果,键合气密性极好。其过程是首先使金或铜沉积到需要连接衬底表面,然后将部件相互对准后置入精密晶圆键合机;键合机通过加热加压将部件键合到一起。金属扩散键合可使用的中间层包括铜-铜、铝-铝、金-金等金属。

金属扩散键合的需要的温度一般在200~400 ℃之间,键合时金属层并不熔化,因此必须与需要键合的表面紧密接触,一般要求表面粗糙度在2 nm以下,不适于粗糙表面、表面有颗粒或者其他表面缺陷的情况的键合。

金属扩散键合的优点包括具有高耐热性和高气密性,能使两个晶圆能够在一个工作步骤中同时完成机械和电性两种连接,因而被用在三维堆叠和需要空腔结构的传感器制造中。

**2. 共晶键合**

共晶键合为共晶合金原子扩散到待键合原子结构的一个过程,从而形成这些材料的固态结合。为了实现共晶键合,首先要必须选择一种能与待键合材料产生共晶合金的成分材料,与硅形成共晶合金的常用材料是金属薄膜或者是含金的合金薄膜。当两个键合表面(例如硅晶片)与金等共晶合金成分材料的组合结构被加热到共晶温度以上时,会发生共晶键合。共晶温度是合金熔化的最低温度,这个温度低于合金中各成分材料形成的任何其他混合物的熔点。在共晶温度时,界面材料原子(例如金原子)开始迅速扩散到所接触的硅晶片中,当足量的金原子进入硅晶片表面后它们将形成共晶合金,例如金—硅合金。当温度继续上升超过共晶温度时,会有更多的共晶合金形成,这个过程将一直持续到交界面的共晶合金成分原子(如金原子)消耗殆尽为止。在交界面处新产生的共晶合金可以作为许多微机电系统和微系统应用中的固态键合以及真空密封结构。

相比于金属扩散键合,共晶键合所需的键合温度更低,而且对键合表面的粗糙度要求不高。然而,共晶键合方法依赖于所选择的界面成分材料,常用的共晶键合中间层材料如表6.1所列。上面已经提到,金是硅基片键合中常用的共晶合金成分材料,一种共晶合金产品即是由97%的金(Au)和2.83%的硅(Si)形成的,其共晶温度为363 ℃。另一种常用的共晶合金是由62%的锡(Sn)和38%的铅(Pb)形成的,具有183 ℃的共晶温度。

表6.1 常用的共晶键合中间层材料组成

| 金 属 | 组成/wt% | 共晶温度/℃ |
|---|---|---|
| Cu - Sn | 5/95 | 231 |
| Au - Sn | 80/20 | 280 |
| Au - Ge | 28/72 | 361 |
| Au - Si | 97.1/2.9 | 363 |
| Sn - Pb | 62/38 | 183 |

## 6.1.4 玻璃浆料键合

玻璃浆料键合(Flit Glass Bonding)是基于玻璃浆料中间层的热压力键合,键合温度一般在400 ℃以下。一般玻璃浆料是由玻璃颗粒、有机粘合剂、溶剂和硅酸盐填充物等组成的浆状物质。玻璃粉末粒径一般小于15 μm,和有机粘合剂一起形成可印刷的粘性胶体。硅酸盐填充物是用来实现玻璃浆料和基板间热膨胀系数的匹配。溶剂用来调节玻璃浆料的粘度。

玻璃浆料晶片级气密封装过程包括丝网印刷、预烧结、键合三个步骤。首先使用丝网或钢板作为图形制作工具,将玻璃浆料印刷成形。在键合前,以预烧结的方式将浆料中的溶剂挥发去除,然后进行晶片与盖板的对位键合。在玻璃浆料键合时,键合温度和键合压力是最为关键的影响因素。在一定烧结温度范围内,键合强度随着烧结温度的增加和键合压力而逐渐增强。键合温度较低,会使玻璃浆料未完全熔融,导致键合界面不平整;当键合温度过高、键合压力又过大时,可能会造成浆料过于扁平并且熔融外延,从而降低键合精度。

由于在键合过程中的浆料呈熔融状态,因此键合面的粗糙程度有较好的容忍度。玻璃浆料键合在一定温度范围内膨胀系数与Si和玻璃接近,封接所造成的热应力较小,因此玻璃浆料键合是一种工艺简单且封装效果较好的封装键合技术。与其他晶片级键合技术相比,玻璃浆料低温键合技术具有工艺简单、键合强度高、密封效果好、生产效率高等优点,是一种高产率、低成本的封装技术。

## 6.1.5 树脂键合

树脂键合是使用有机类材料,如环氧树脂作为中间封装材料进行键合。具有便于应用、低材料成本、有足够的强度和渗透率、键合温度低以及工艺简单等优点;缺点是机械效率和热效率低,面对严格的可靠性试验时会存在较大的技术难度。

键合过程在真空键合腔体内进行,键合腔体内要保证洁净,不能含有灰尘及其他固体污染物。腔体可对基片进行加热,以使基片达到所需的温度。键合的温度一般接近并且稍低其玻璃相变温度 $T_g$,将树脂层涂布到基片的表面,然后将待键合的部件放置到树脂薄层上,通常需要施加机械力来保证键合质量。

树脂键合材料有多种,其中苯环丁烯(BCB)、各向异性导电膜(ACF)是最有代表性的两种。BCB是由美国道化学公司研制,采用在高分子材料中混入一定比例Si粉的方法形成的一种特殊材料。虽然是有机材料,但是从性质上接近无机介质,强度高、热稳定性良好、同Si材料的匹配较好,微波性能良好。ACF是由日立化学公司发明的一种环境友好的粘性树脂材料,已被广泛应用于液晶显示器制造中,用于实现驱动电路和LCD玻璃基板的机械和电连接。如图6.4所示,其特点可以使被连接的两部分实现垂直方向的电连接,而水平方向保持绝缘。

## 6.1.6 等离子体辅助键合

等离子辅助键合是一种表面活性化键合方法,通过将键合表面通过活化处理来实现低温条件下的高质量键合。根据等离子种类的不同,可以分为氩气等离子体辅助键合、氮气等离子体辅助键合、氧气等离子辅助键合等。例如在金属扩散键合中,通过氩气等离子体处理,可以除去基片表面附着物,提高待键合表面的表面能。通过氧气等离子处理,可以使基片表面产生大量羟基(—OH),实现亲水性键合。

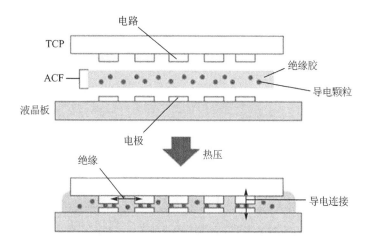

图 6.4 各向异性导电膜的导电连接方法

在氩气等离子体作用下,如图 6.5 所示,硅表面和二氧化硅表面的表面能都大幅度提高。等离子辅助键合的特点是大幅度降低键合温度。例如,日本东北大学 T. Ono 等人通过氩气等离子体处理硅片和水晶晶圆表面,在 180 ℃实现了两者的高强度键合。形成的悬臂梁式水晶共振子如图 6.6 所示。

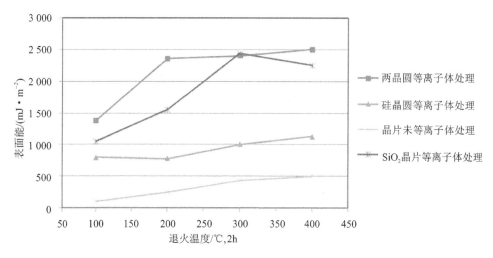

图 6.5 Ar 等离子体处理后基片的表面能变化情况

## 6.2 化学机械抛光

随着半导体工业飞速发展,电子器件尺寸缩小,要求晶片表面可接受的平整度达到纳米级。传统的平坦化技术,如反刻、回流、旋涂等,仅仅能够实现局部平坦化,但是对于微小尺寸特征的电子器件,必须进行全局平坦化以满足上述要求。20 世纪 90 年代兴起的化学机械抛光(CMP)技术则从加工性能和速度上同时满足硅片图形加工的要求,是目前唯一可以实现全局平坦化的技术。

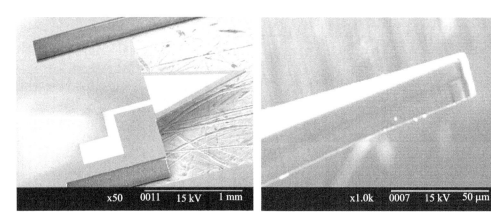

图 6.6 基于等离子体辅助键合技术制作的水晶悬臂梁

## 6.2.1 CMP 的机理

是半导体器件制造工艺中的一种技术,使用化学腐蚀及机械力对加工过程中的硅晶圆或其他衬底材料进行平坦化处理。CMP 的微观作用是化学和机械作用的结合,其机理是:

1) 表面材料与磨料发生化学反应生成一层相对容易去除的表面层。
2) 这一反应生成的硅片表面层通过磨料中研磨剂和研磨压力与抛光垫的相对运动被机械地磨去。

表 6.2 列举了 CMP 工艺的主要功能,包括可实现全局平坦化、不同材料的平坦化、多层材料的平坦化、减少严重的表面起伏、金属图形化、改善金属台阶覆盖、增加 IC 可靠性等。

表 6.2 CMP 工艺的功能

| 功　能 | 说　明 |
| --- | --- |
| 平坦化 | 能获得全局平坦化 |
| 平坦化不同的材料 | 各种各样的硅片表面能被平坦化 |
| 平坦化多层材料表面 | 在同一次抛光过程中对平坦化多层材料有用 |
| 减少严重的表面起伏 | 能减小表面起伏使得在制造中采用更严格的设计规则并采用更多的互连层 |
| 制作金属图形的另一种方法 | 提供制作金属图形的一种方法(如大马士革工艺),使得不需要对难以刻蚀的金属和合金等离子体刻蚀 |
| 改善金属台阶覆盖 | 由于减小了表面起伏,从而能改善金属台阶覆盖 |
| 增加 IC 可靠性 | 能提高 0.5 μm 器件和电路的可靠性、速度和成品率(降低缺陷密度) |
| 减少缺陷 | CMP 是一种减薄层材料的工艺并能去除表面缺陷 |
| 不使用危险气体 | 不使用在干法刻蚀工艺中常用的危险气体 |

## 6.2.2 CMP 装置

CMP 技术所采用的设备及消耗品包括:抛光机、抛光液、抛光垫、后 CMP 清洗设备、抛光终点检测及工艺控制设备、废物处理和检测设备等。一个完整的 CMP 工艺流程主要由抛光、后清洗和计量测量等部分组成。抛光机、抛光液和抛光垫是 CMP 工艺的三大关键要素,其性能和相互匹配决定 CMP 能达到的表面平整水平。

如图 6.7 所示,CMP 装置由一个旋转的硅片夹持器、承载抛光垫的工作台和抛光液供给装置三大部分组成。化学机械抛光时,旋转的工件以一定的压力压在旋转的抛光垫上,而由亚微米或纳米磨粒和化学溶液组成的抛光液在工件与抛光垫之间流动,在工件表面产生化学反应,改变工件表面材料的化学键,生成一层容易去除的反应膜。工件表面形成的化学反应膜由磨粒和抛光垫的化学成膜和机械去膜的交替过程中实现超精密表面加工。

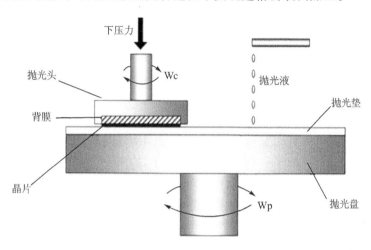

图 6.7 CMP 装置组成示意图

### 6.2.3 CMP 的应用

CMP 可应用于氧化硅和金属(Cu、Al、Au 等)的抛光。氧化硅抛光是半导体硅片制造中最先进和最广泛使用的平坦化工艺,是用作金属层之间淀积介质全局平坦化的。磨料中的水与氧化硅反应生成氢氧键,这种反应称为表面水合反应,氧化硅的表面水合降低了氧化硅的硬度、机械强度和化学耐久性。在抛光过程中,在硅片表面会由于摩擦而产生热量,这也降低了氧化硅的硬度,这层含水的软表层氧化硅被磨料中的颗粒机械地磨掉。

金属抛光的机理与氧化硅抛光的机理不同。一个最简化的模型是用化学和机械研磨机理来解释金属抛光,磨料与金属表面接触并氧化它。例如在铜的 CMP 中,铜会氧化生成氧化铜和氢氧化铜,然后这层金属氧化物被磨料中的颗粒机械地磨掉。一旦这层氧化物去掉,磨料中的化学成分就氧化新露出的金属表面,然后又机械地磨掉,这一过程重复进行直到得到相应厚度的金属。

## 6.3 MEMS 封装

### 6.3.1 MEMS 封装的点与分类

集成电路近七十年的高速发展,催生出 DIP(双列直插式封装)、SOP(小外形封装)、QFP(四面引线扁平封装)、BGA(球栅阵列封装)等封装形式,并出现了 CSP(芯片级封装)、3D 封装、MCM(多芯片模块封装)等新一代芯片封装形式。虽然很多 IC 封装技术也可以用于 MEMS 封装中,但因 MEMS 器件自身的功能和特点与集成电路不同,所以 MEMS 封装也有其自身的功能需求与特点。

微机电系统既包括将机械、物理、化学和生物信号转换成电子信号的传感器,也包括将电、磁、光、生物能等转换成机械运动的驱动器。在 MEMS 封装中,除了微电子封装中要求的气密性、电磁屏蔽等特性外,器件不同的功能对封装环境有不同的要求,因而不能像集成电路那样采取统一的封装。例如,微机械陀螺仪要求真空封装以减小振动子的空气阻尼;压力传感器要求气密性封装以确定一个参考压强,同时要求封装后的感应腔薄膜所受热应力较小,以减小其温度漂移。总之,与传统的 IC 封装相比,微系统封装的特殊功能需要包括:满足器件的机械支撑、环境隔离、非电学信号转换、热机械可靠性、低应力、高真空或气密性等。

MEMS 封装可以按多种方式分类。根据 MEMS 封装的气密性功能不同,可以分为气密性封装和非气密封装两类。不同材料的气密性比较如图 6.8 所示。可见,玻璃、硅、陶瓷和金属等的封装衬底和材料才能实现气密性。

按封装材料分类,可以分为塑料封装、金属封装和陶瓷封装三类。封装材料包括衬底材料和粘结材料,其中封装衬底的基本功能是提供一个平台,用于粘合器件芯片、设置电气互联、提供机械保护等。塑料封装可用于常温使用的微系统中,但由于塑料在高于 350 ℃时就会融化或裂解,而且气密性不佳,因此不能用于高温环境,也不能用于惯性传感器、压力传感器等气密性、湿度隔离要求较高场合。金属是气密性材料,可用于气密性封装,但在接近 500 ℃ 高温时易发生氧化反应,且热膨胀系数与硅等常用微系统芯片材料不匹配,对热机械特性要求较高的微系统中不易使用。陶瓷衬底与器件材料(如 Si、SiC)匹配性好,适用于高温环境,且具有较好的气密性。

此外,MEMS 封装按封装层级可以分为裸片级封装、晶圆级封装、单芯片封装和系统级封装四个层次。其中,裸片级封装通常是指通过钝化、隔离、键合和划片等工艺,为裸片的后续加工提供保护。裸芯片腔体封装是其中的一种常用方法,封装时有一个硅片基板裸片和一个硅"盖帽"裸片,先将 MEMS 芯片贴到基板裸片上,再将"盖帽"裸片键合到基板裸片上,从而形成密封腔体来保护 MEMS 器件。为了降低封装和测试成本,迫切需要在晶圆水平上利用键合和连接技术实现 MEMS 单元的同时封装,这就是晶圆级封装。划片后的 MEMS 裸芯片可用于后续的单芯片封装或系统级封装。需要指出的是晶圆级封装也可以实现集成电路与 MEMS 的系统级封装集成。

## 6.3.2 晶圆级封装

在传统晶圆封装中,是将成品晶圆切割成单个芯片,然后再进行粘合封装。不同于传统封装工艺,晶圆级封装是在芯片还在晶圆上的时候就进行封装,保护层可以粘接在晶圆的顶部或底部,然后连接电路,再将晶圆切成单个芯片(见图 6.9)。晶圆级封装的主要优势如下:①可以大幅度减少后续组装工艺;②可完成划片时对 MEMS 结构的保护;③可实现芯片的最大程度的小型化;④在晶圆上测试后失效的部分,划片后可以直接废弃,减少后续测试的成本。

国内外研究者提出了多种晶圆级封装的器件和技术方案,其中晶圆键合和贯通配线是其中的关键技术,而晶圆键合在 6.1 节已有详细描述。为实现封装后的电连接,研究者发展出以硅通孔(TSV)为代表的各种垂直通孔互联技术。TSV 技术是通过硅晶圆上利用等离子体或

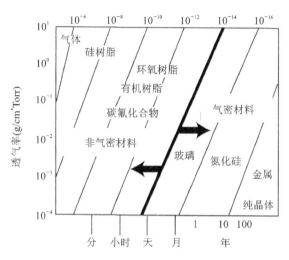

图 6.8　气体在不同材料中的透过能力

者激光加工通孔,并基于铜、钨、多晶硅等导电物质的填充,实现硅通孔的垂直电气互连。这一技术也是集成电路 3D 封装的核心和标准技术,成为高密度存储器封装的关键。利用钨的化学气相沉积,劳恩霍夫可靠性和微集成研究所(Fraunhofer IZM)实现了钨填充 TSV(W - TSV)技术(见图 6.10),2 μm 的硅通孔有助于实现高密的垂直互联。

面向晶圆级封装,日本东北大学还发展出基于玻璃通孔技术和低温烧结陶瓷(LTCC)垂直互联方法(见图 6.11)。从而使得晶圆级封装的材料从硅和玻璃,拓展到耐高温的陶瓷。

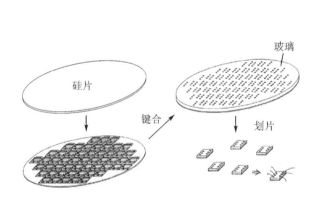

图 6.9　MEMS 的晶圆级封装

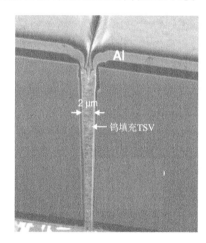

图 6.10　Fraunhofer IZM 的 W - TSV 技术

## 6.3.3　单芯片封装

传统的单芯片封装的基本工艺过程包括划片、贴片、键合、封装外壳等。

划片过程中主要使用超精密划片机,一般利用高速主轴,超精密数控系统和金刚石刀片将晶片切割。近年来,为了避免划片时对微系统的破坏,激光划片机迅速发展。激光划片是利用高能激光束照射在工件表面,使被照射区域局部熔化、气化,从而达到划片的目的。因其加工

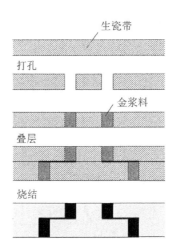

图 6.11 日本东北大学的 LTCC 垂直互联技术

是非接触式的,对工件本身无机械冲压力,工件不易变形、热影响极小,划片精度高。

贴片是将芯片固定在封装衬底上的过程。常用的贴片工艺有导电胶粘接、合金共熔焊接贴片等:①胶接贴片分为施胶、贴片和固化三个步骤,为保证芯片的热机械特性,对胶接点形状、厚度和点胶压力都有严格的要求。导电胶具有良好的导电、导热性能,与焊接贴片相比具有灵活、温度低等优点。②焊接贴片主要利用 Au-Si、Pb-Sn 等的合金共熔特性,在芯片背面镀 Au 后,通过固定在金属层基板上烧结固定。

键合分为引线键合、倒装芯片键合和载带自动键合等。

引线键合技术是用金属丝将微系统芯片上的电极引线与底座外引线连接在一起的过程,通常有热压键合法,超声键合法,热超声键合法等3种方式。热压键合法是在一定的温度和压力下,导致金属丝发生低温扩散和塑性流动实现键合的方法,主要用于金丝键合。超声键合法是通过超声发生器产生 $4\sim5~\mu m$ 的运动,使焊丝在键合点上摩擦,导致塑性变形实现键合的方法,可用于金丝或铝丝。

热超声键合法是同时利用高温和超声进行键合的方法,适用于金丝键合。它可分为两个键合阶段(见图 6.12)。一次键合过程如下:金丝穿过毛细管劈刀正中央的小孔,提高金丝末端的温度,金丝融化后形成金丝球,打开夹持金属丝的夹钳,施加热、压力和超声波振动,当毛细管劈刀接触焊盘时,形成的金丝球会粘合到加热的焊盘上。完成一次球键合后,将毛细管劈刀提升到比预先测量的环路高度略高的位置,并移动到二次键合的焊盘上,则会形成一个引线环。

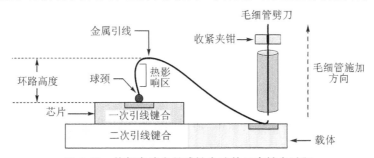

图 6.12 热超声波金丝球键合法的二次键合过程

随着芯片封装密度提高,芯片上的引脚由四周分布变为全芯片表面分布,而对应基板上的引脚也由四周分布变为全基板分布。传统的引线键合已经无法满足这种封装要求,因此倒装芯片技术应运而生。倒装芯片(Flip-chip)键合是将 MEMS 芯片的有源区面对基板键合,可以减小传统引线键合中引线的寄生电感和电容效应,已成为实现电气互联的重要方法。倒装芯片封装过程中,在芯片有源面的铝压焊块上做凸焊点,然后,芯片凸焊点朝下,让芯片上的结合点透过金属导体直接与基板的结合点相互连接(见图 6.13)。

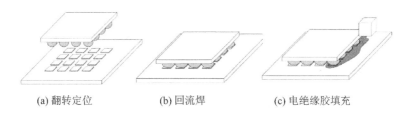

(a) 翻转定位　　　　　(b) 回流焊　　　　　(c) 电绝缘胶填充

图 6.13　倒装芯片的工艺过程示意图

封装外壳是实现微系统保护的最终环节,它要求优良的电、热、机械性能和可靠性。目前主要有金属外壳、陶瓷外壳和塑料外壳三种。

## 6.3.4　系统级封装

微机电系统技术的发展要求传感器、集成电路,乃至无线传输模块的系统化封装。传统的将传感器和集成电路分立元件系统封装的工艺过程已不能满足器件小型化的要求。系统级封装(System in Package, SiP)是将多个具有不同功能的有源电子元件与可选无源器件,以及诸如 MEMS 或者光学器件等其他器件优先组装到一起,实现一定功能的单个标准封装件,从而形成一个系统或者子系统。新型的互联技术、埋置结构、堆叠封装等技术的发展,是系统级封装集成的工艺基础。需要指出的是,系统级封装与单芯片封装仅是层级上的不同,TSV、倒装焊、引线键合等先进互联技术同样适用于系统级封装。此外,SiP 与片上系统(System on a Chip, SoC)相对应,SoC 是把处理器、功能电路、MEMS 结构等高度集成在单个芯片上一体化设计和制造集成,集成度高,而研发成本高、周期长。而 SiP 其实是一个包含多种具备不同功能器件的组合体,具有研发周期短、容错率高的优点。如 Apple Watch 中电路以一个单块的 SiP 呈现,在 25~30 mm 左右的一个方形区域内集成了高达 700 多颗元器件。

按照系统封装内各功能的芯片或非硅器件的放置方式不同,可以分为并排贴装、堆叠结构(3D)和置式封装。

**1. 高密度并排贴装**

并排贴装是在二维方向的装配,其基板有有机层压板、陶瓷、玻璃或硅片等。对于一个以表面贴装为主的系统级封装产品,其提高产品集成度的方式就是采用更小的器件、更密的器件间距,因而对传统的 SMT 术提出了更高的要求。由于手机及穿戴产品小型化需求迫切,目前 SiP 中器件与器件之间的间距也逐渐由 100 $\mu m$ 向 50 $\mu m$ 推进。这对 SMT 设备和工艺是一个挑战,要求印刷和贴片的精度越来越高,以往 $\pm 25$ $\mu m$ 的贴片精度不再能够胜任,需要向 $\pm 15$ $\mu m$ 甚至 $\pm 10$ $\mu m$ 的精度转化。

**2. 堆叠结构**

随着小型化需求的增加,为了进一步减小体积,则需要将芯片或器件在垂直方向上堆叠,芯片/器件在封装内3D装配,可以是芯片与芯片的堆叠,也可以是器件与器件间的堆叠。3D封装通过芯片的堆叠实现,堆叠后的互连通常可以采用以下两种方式实现:①引线键合,②硅通孔。如图6.14所示,三星公司的3D堆叠结构存储器就充分利用了TSV和引线键合等关键技术。

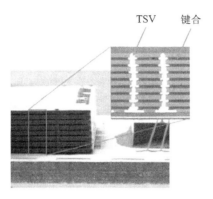

图6.14 三星公司的3D堆叠存储器

### 3. 埋置式封装

埋置式封装是为了避免引线键合,通过将传感器与集成电路的分立式裸芯片经一定的减薄处理后,埋入预置入相应尺寸凹槽的晶片里,在此基础上通过光刻、lift-off等平面配线的方法实现系统集成的方法。本方法使传统系统封装技术向集成化封装迈出了第一步,能有效缩短引线长度、减小寄生电感、缩小封装尺寸。图6.15所示是芬兰Aspocomp公司在有机基板上进行埋置式SIP集成的典型技术流程,称为集成模块电路板(Integrated Module board,IMB)技术。德国TUB-IZM开发的高分子内芯片技术(Chip-in-Polymer,CIP)也属于的埋置式封装技术。

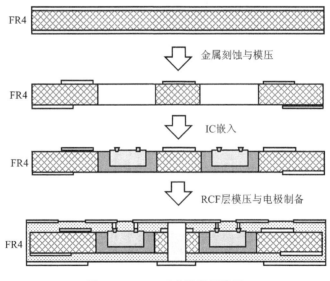

图6.15 IMB工艺流程示意图

### 4. 芯粒（Chiplet）

针对 SoC 中对多重 IP（具有知识产权核的集成电路）需求造成的成本压力，IP 的硬件化成为一个重要解决途径。Chiplet 技术就是像搭积木一样，把一些预先生产好的实现特定功能的芯片裸片（die）通过先进的集成技术（比如 3D 封装）集成封装在一起形成一个系统芯片（见图 6.16）。而这些基本的裸片就是 Chiplet。Chiplet 芯片可以使用更可靠和更便宜的技术制造，较小的硅片本身也不太会产生制造缺陷。它其实就是硅片级别的 IP 重用，是突破 SiP 和 SoC 技术瓶颈的新的平衡点。

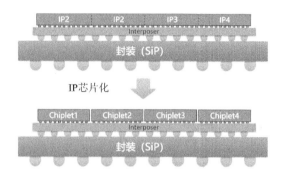

图 6.16 Chiplet 的核心理念

## 6.3.5 MEMS 与 LSI 的融合

很多 MEMS 产品需要与 LSI 融合才能实现其功能，例如 DMD、射频滤波器、惯性传感器、红外传感器等。前文所述的 SiP 技术，成为实现 MEM 芯片和 LSI 的异质混合集成的重要方法。如图 6.17 所示，通过与 LSI 的集成，MEMS 传感器可以大幅度降低噪音水平，形成包含信号处理、通信甚至边缘计算能力的智能传感器。市场上的 MEMS 产品多数是 MEMS 和 LSI 集成化的器件，集成化 MEMS 技术成为 MEMS 产品高性能和低成本的关键。

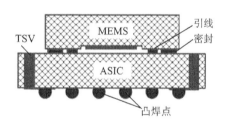

图 6.17 MEMS 与 LSI 的融合

MEMS 和 LSI 集成的方式有很多方式，东北大学 M. Esashi 教授给出了如图 6.18 所示 3 种基本方法。图 6.18(a)是基于表面加工工艺的牺牲层和成膜工艺。这种利用表面加工工艺在 LSI 晶圆上实现 MEMS 结构的方法，其 MEMS 工艺受到 LSI 耐受温度和其他工艺条件的制约。图 6.18(b)是首先利用晶圆级封装工艺，将 MEMS 结构实现"盖帽"密封，切割成独立的单元后，利用堆叠封装工艺与独立的 LSI 芯片实现基于封装工艺的集成。这种方式由于引线键合的存在，在高频器件的应用中容易受到寄生电感和寄生电容的影响。图 6.18(c)是基于 MEMS 结构的转印技术。MEMS 结构和 LSI 分别在不同的晶圆上完成，工艺自由度高。利用各种转移方法，把 MEMS 结构转移到 LSI 上，然后进行晶圆级"盖帽"封装，最后划片实现分立的集成化器件。

集成化 MEMS 产品因其高性能和低成本越来越受到人们的关注。上述 3 种方法仅是对集成化 MEMS 的概念性描述。更多集成化 MEMS 的案例已超出了微机电系统工程基础的范畴,建议感兴趣读者阅读相关综述和专著(M. Esahi, Wafer-level Packaging, Equipment Made in House, and Heterogeneous Integration, Sensors and Materials, 30(4): 683-691, 2018. 和 M. Esashi and S. Tanaka, Stacked Integration of MEMS on LSI, Micromachines 2016, 7(8), 137.)。

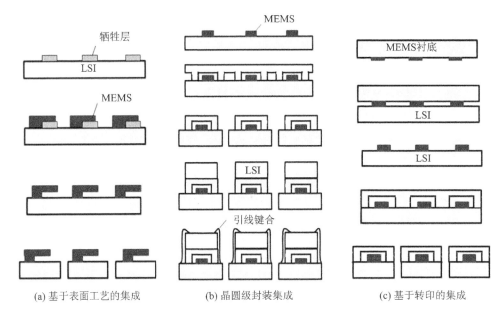

图 6.18 MEMS 与 LSI 的集成方法(源自日本东北大学 Esashi 教授报告)

# 练习题

**6.1** 请描述阳极键合的基本原理。思考:阳极键合为什么需要使用特殊的玻璃基板?水晶和单晶硅可以直接利用阳极键合实现共价键结合吗?

**6.2** 请描述硅直接键合的基本原理。思考:硅直接键合式硅衬底处于熔融状态吗?

**6.3** 请比较金属扩散键合和共晶键合在原理和工艺条件上的相同点和不同点。

**6.4** 等离子辅助键合为什么能实现低温甚至室温下的晶圆键合?

**6.5** 请描述 CMP 的基本原理。试查阅一篇 CMP 相关的文献,描述其在集成电路或者 MEMS 方面的应用。

**6.6** 与微电子封装相比,MEMS 封装有哪些特点?

# 第 7 章 微纳加工工艺综合

本章在前面 MEMS 表面加工工艺和体加工工艺学习的基础上,重点讲述针对具体器件的成套加工工艺。一些静电的 MEMS 传感器与执行器,比如加速度计、压力计、陀螺仪、微马达和数字微镜等,在很多教材中都有详细阐述,在本书前面的章节中,结合工艺,也进行了一些介绍。在这一章中,考虑到 MEMS 工艺和器件的快速发展,我们从最近几年的文献中摘取了一些创新性较强且具有代表性的器件加工工艺,以案例的形式进行介绍。其中 7.1~7.5 节为压电器件,7.6~7.7 节为微流体器件,之后介绍了可调惯性开关,新型压力传感器,MEMS 无损检测传感器以及电容式微超声换能器等,本章最后介绍了一种电容式微超声发生器与检测器(CMUT)的详细工艺流程。希望通过本章的学习,能对 MEMS 工艺的整体设计有更深入的理解,同时了解目前 MEMS 器件及其制造工艺的最新进展。

## 7.1 眼动跟踪仪

眼动跟踪仪[1]的基本原理如图 7.1 所示。在眼镜上固定压电超声发射和检测器件,在某一时间发射一个超声脉冲,之后接收经过眼球反射的超声脉冲,测量两个脉冲之间的间隔时间,就可以得到超声器件与眼睛之间的距离。由于眼睛正视的时候眼球在正前方,距离比斜视的时候短,因此通过距离的判断就可以获得眼动的信息。

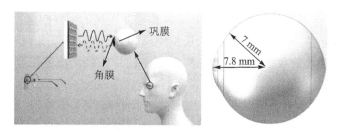

**图 7.1 眼动跟踪仪测量原理示意图**

超声发射和检测器件采用相同的结构,如图 7.2 所示。包括一个空腔及其上面的压电薄膜,压电材料为氮化铝,金属钼作为驱动和检测电极。

该器件的加工工艺如图 7.3 所示。采用 400 μm 厚的硅片作为衬底。首先在硅片上腐蚀 3.7 μm 的浅槽(见图 7.3(a));接下来用磷硅玻璃填充,并进行抛光,抛光结束后,浅槽的深度为 3 μm(见图 7.3(b))。之后沉积底部的钼电极,并通过光刻和腐蚀获得预期的图形,图 7.3(c) 中没有给出下层电极图形化的结果,请自行思考(后续腐蚀磷硅玻璃,释放结构必须有通道)。然后依次沉积氮化铝压电层、上层钼电极和氮化铝钝化层(见图 7.3(c))。然后对钝化层和上层电极进行光刻和腐蚀,制备出预期的图形(定义出压电驱动和敏感结构区域);再对压电层进行光刻和腐蚀,暴露底部电极,为后续电信号的引出做好准备,结果如图 7.3(d)所示。因后续金丝球压焊工艺需要有金焊盘,直接在钼金属上压焊比较困难,需要制备金连接引线,将底电极和上

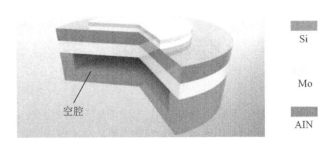

图 7.2　超声发射和检测器件的基本结构

电极引出(见图 7.3(e))。最后,采用氢氟酸溶液溶解磷硅玻璃,释放活动结构(见图 7.3(f))。

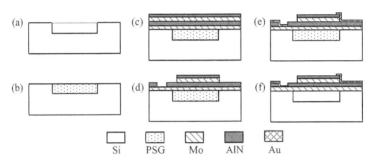

图 7.3　眼动跟踪仪超声发射与检测器件的加工工艺

## 7.2　短程通信超声接收器

物联网时代,传感器无处不在。功耗是影响传感器布局的主要问题,其中通信功耗又是传感器功耗的主要部分。在几米到十几米的通信距离,超声通信可以大幅降低通信的功耗和体积。压电超声接收器的基本原理为压电材料将超声信号转换交流电信号,是最近几年研究较多的一种 MEMS 器件。

图 7.4 所示的 SEM 照片显示了一种压电超声接收器的基本结构,四根环绕梁支持中心悬浮结构。当有超声信号时,结构发生同频振动,导致四根悬浮支撑梁发生变形,从而输出电信号。通过调节中心结构悬空的 Pt 电极的面积,可以调节质量,进而调节结构的固有频率,从而实现通信的带宽调节。

图 7.4　短程通信超声接收器的 SEM 结构照片

该器件的加工工艺并不复杂,如图 7.5 所示。采用 Si 衬底,首先采用 lift-off 工艺淀积一层厚度 20 nm 的 Pt 电极，作为底层电极(见图 7.5(a))。然后进行氮化铝压电层的淀积和图形化(见图 7.5(b))，厚度为 110 nm。之后进行顶层 Pt 电极的制备，仍旧采用 lift-off 工艺，厚度 230 nm(见图 7.5(c))。接下来采用深硅刻蚀(DRIE)进行背面腐蚀，为了防止 DRIE 时损坏结构层，在剩余 5～10 μm 的时候停止刻蚀(见图 7.5(d))。最后采用 $XeF_2$ 气体将剩余的硅层腐蚀完毕，释放结构(见图 7.5(e))。

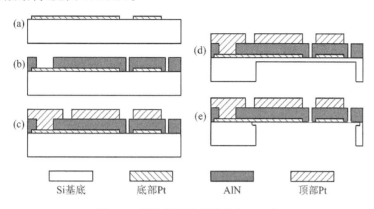

图 7.5 压电超声接收器的加工工艺

## 7.3 薄膜谐振压电体滤波器

高频滤波器件是无线通信中的重要器件，图 7.6 所示结构是一个 5G 高频带通滤波器基本结构。在悬浮的薄膜上有驱动电极和接收电极。电极上施加交变的电场，会驱动结构发生周期性振动，该振动从驱动薄膜的一端传到另一端，在接收端通过压电效应从机械振动转变为交变电信号。由于薄膜存在固有频率，因此只有在固有频率附近的信号才能有效传递，其余信号均得到衰减。

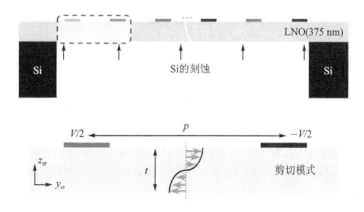

图 7.6 薄膜谐振压电体滤波器结构示意图

薄膜谐振压电体滤波器的加工工艺如图 7.7 所示。衬底采用硅上 $LiNbO_3$ 薄膜的 4 英寸商业化晶片，其中 $LiNbO_3$ 为 z 切单晶结构，生产方为 NGK Insulators 公司。整个工艺包含两张掩膜版。图 7.7(a) 和图 7.7(b) 为电极制备工艺过程。由于对电极的尺寸要求较高，采用电子束光刻,MMA/PMMA 双层光刻胶(见图 7.7(a))。显影后蒸镀 Al 层,最后通过丙酮进行剥离,得到预期的叉齿电极和连接锚点(见图 7.7(b))。然后,蒸镀一层 1 μm 厚的 Cu 层,对 Al 电极进行保护(见图 7.7(c))。对晶片背面进行光刻,并采用标准 Bosch DRIE 工艺刻蚀硅,直至压电薄膜层(见图 7.7(d))。最后采用湿法腐蚀清洗 Cu 保护层(见图 7.7(e))。

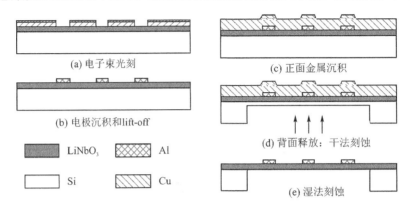

图 7.7 薄膜谐振压电体滤波器加工工艺

薄膜谐振压电体滤波器的加工结果如图 7.8 所示,主要展示了叉齿驱动电极的加工结果,其中叉齿的宽度为 500 nm。

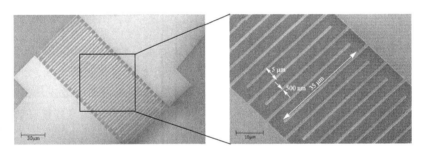

图 7.8 薄膜谐振压电体滤波器的加工结果及其局部放大图

## 7.4 压电 MEMS 谐振器

谐振器是时间测量和同步的基准,常用的谐振器是石英晶振和原子钟。原子钟主要应用于高精度的场合。日常的电子产品中,以石英晶振为主。石英晶振的特点是有较高的 Q 值,损耗较少。采用精密控温后,高精度的晶振频率稳定性可以达到 $10^{-9}$ 以上[*]。其缺点是体积相对较大,集成度较低。

MEMS 谐振器体积较小,可以与芯片集成制造,同时可以通过结构的优化设计降低温度漂移。这里讨论了一种基于 AlN 压电效应的 MEMS 谐振器。具体工艺如图 7.9 所示。采用硅衬底,在其上加工浅槽(见图 7.9(a))。高掺杂硅表面氧化后与衬底进行键合,并通过掩膜减薄,保留厚度为预定尺寸(5.2 μm 和 8 μm),如图 7.9(b)。高掺杂硅层是 n 型掺杂,作为底

---

[*] 关于晶振的知识。http://www.szjy-crystal.com/news_view_182.html。

电极。与传统金属电极相比,高掺杂硅层可以降低截面损耗,简化工艺步骤,并且可通过其厚度和晶向的优化补偿压电谐振器的温漂。之后溅射 1 μm 厚的 AlN 或 ScAlN 压电薄膜、0.15 μm 厚的 Mo 层,对 Mo 层进行光刻和腐蚀得到上电极的图形(见图 7.9(c))。之后,沉积不同厚度(此处为 1.8 μm 和 2.9 μm)氧化层(见图 7.9(d))。高掺杂硅层上的氧化层和上层的氧化层不仅起到电绝缘和钝化的作用,同时由于氧化层的弹性模量随温度的变化趋势与其他层相反,因而可以通过氧化层的厚度实现温度补偿,减小温度改变带来频率漂移。接下来,腐蚀穿通与上电极和下电极的连接孔(见图 7.9(e)~(f))。沉积 1 μm 厚的 Al 层,并图形化,形成焊盘和连接引线(见图 7.9(g))。最后腐蚀出谐振器的悬浮结构(见图 7.9(h))。

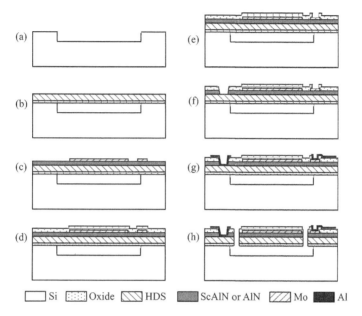

图 7.9 基于压电效应的 MEMS 谐振器制备工艺

压电 MEMS 谐振器的加工结果如图 7.10 所示,从上到下分别为上层 SiO$_2$(1.79 μm)、压电层(0.99 μm)、高掺杂硅层(5.18 μm)和底层 SiO$_2$(0.97 μm)。

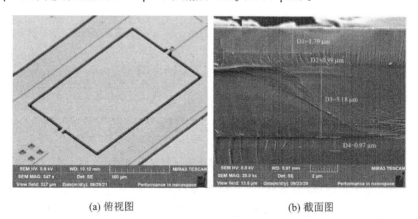

(a) 俯视图  (b) 截面图

图 7.10 基于压电效应的 MEMS 谐振器加工结果

## 7.5 压电 Lamb 波谐振器

波的传播可以分为受约束传播和无约束传播,比如声波在空气中的传播就是无约束传播,声波在一根拉紧的长线上的传播就是约束传播。约束传播又有不同分类,在固体中的约束传播主要包括表面传播(也叫瑞利传播)和兰姆(Lamb)传播等形式,分别被称为表面波和 Lamb 波。图 7.11 为这两种波的示意图。

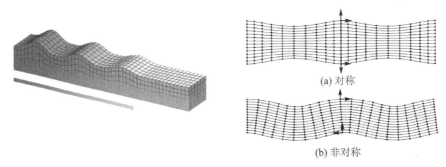

注:Lamb 又包含对称和非对称两种情况

**图 7.11 表面波(左)和 Lamb 波(右)的示意图**

Lamb 波谐振器的制备工艺如图 7.12 所示。该工艺流程为常规的表面加工工艺,其中底部 Pt 电极和上部 Al 电极的厚度分别为 100 nm 和 200 nm。第四步工艺中结构的刻蚀采用 ICP 技术,掩膜为 2 μm 的 $SiO_2$。最后采用 $XeF_2$ 各项同性腐蚀释放结构。

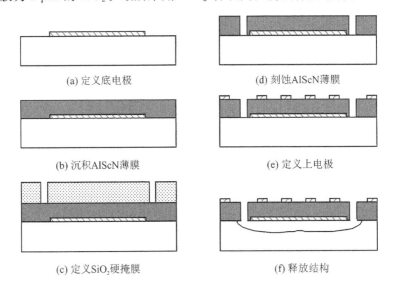

**图 7.12 Lamb 波谐振器的制备工艺**

掺钪氮化铝(AlScN)的制备方法包括 MOCVD、分子束外延和磁控溅射。该研究中的第二步工艺中采用磁控直流脉冲双靶材溅射工艺,以控制最终压电薄膜的残余应力。两个靶材分别为 4 英寸的 Al 和 Sc,每个靶材的功率可以独立控制。其他可控制的工艺参数包括衬底的偏置电压、衬底和靶材之间的距离等。典型的工艺参数如表 7.1 所列。

表 7.1　AlScN 薄膜磁控溅射的工艺参数

| 参　数 | 取　值 | 参　数 | 取　值 |
| --- | --- | --- | --- |
| 铝靶功率/W | 1 000 | 衬底与靶材之间的距离/mm | 38 |
| 钪靶功率/W | 300/450 | $N_2$ 流量/sccm | 16～30 |
| 偏置电压/mbar | $<5\times10^{-7}$ | 温度/℃ | 35 |

采用的设备为 EVATEC CLUSTERLINE© 200 MSQ。晶片表面在溅射前采用氩气等离子体清洁,除去自然氧化层,提高 AlScN 的成核概率。溅射沉积的温度为 350 ℃。通过改变 Sc 靶材的功率,可以获得不同浓度比的 AlScN 薄膜。300 W 和 450 W 情况下对应的 Sc 浓度分别为 15.5% 和 22.5%。通气可以是 $N_2$ 和 Ar 的混合气体或者纯 $N_2$,这也是影响 AlSiN 特性的重要工艺参数。

## 7.6　圆形微流体沟道制备

圆形流体通道流速对称分布,不存在角部的滞流问题,在微流体领域具有特殊的意义。一般而言,如果想要制备圆形的微流体沟道,能想到的办法就是利用各向同性腐蚀,尽量制备出接近半圆的腐蚀凹槽,然后将两片衬底进行键合。这种方法除了工艺条件容错性小之外,键合对准也是一个问题。

图 7.13 为一种新颖的制备工艺示意图。具体工艺流程如下:首先准备硅衬底(见图 7.13(a))。然后采用 AZ4562 光刻胶和 DRIE 工艺,在硅衬底上刻蚀 30 μm 的沟槽(见图 7.13(b))。厚度 500 μm 的 Borofloat33 玻璃晶片与硅片进行阳极键合(见图 7.13(c)),键合温度 410 ℃。键合过程中的环境气体为 1 大气压的氮气。最后,在高温炉中进行退火。Borofloat33 玻璃的软化温度为 820 ℃。因此退火温度范围在 820 ℃ 到 950 ℃ 之间,时间为 2 h。在软化温度以上,玻璃的特性类似于牛顿流体。阳极键合过程密封在腔体内的空气在扩张过程中会使玻璃变形(见图 7.13),这与传统的玻璃件吹制工艺类似。

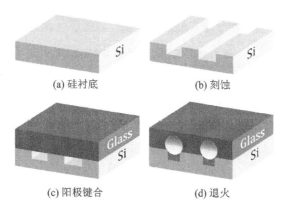

图 7.13　圆形微流体沟道制备工艺

图 7.14 所示为加工后的 SEM 照片,其中图 7.14(a)是退火前的 SEM 照片,图 7.14(b)为

(a) 退火前　　　　　　　(b) 退火后

**图 7.14　圆形微流体沟道制备结果**

退火后的 SEM 照片。文献[6]中还研究了不同尺寸的沟槽以及不同退火温度对最终结果的影响,对此感兴趣的读者可参考原文。

## 7.7　无阀微泵

微泵是一种重要的 MEMS 执行器,用来输运微量(纳升到微升)的液体,广泛应用于生化分析领域,包括液体混合、药物供给和人造器官等方面。最早的微泵采用单向阀门结构,器件的可靠性较低。无阀微泵利用流体通道结构的非对称性(见图 7.15)、产生双向流动阻力的显著变化,从而实现类似单向阀门的效果,控制液体做单向流动。压电驱动结构为微泵提供驱动力。

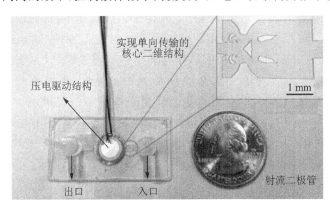

**图 7.15　无阀微泵的加工和装配结果**

图 7.16 为无阀微泵的加工工艺路线。首先采用硅晶片作为衬底(见图 7.16(a))制备 PDMS 压制模具,采用 SU8-100 光刻胶,首先进行旋涂,厚度在 150 $\mu m$ 到 250 $\mu m$。光刻显影后形成浅槽(见图 7.16(b)),对应的平面图形即为无阀泵单向导通结构。涂镀 PDMS 并进行烘干固化,得到互补的结构,如图 7.16(c)和图 7.16(d)所示。以此为模板,压制后续的无阀泵结构(见图 7.16(e)~(g))。无阀泵结构采用紫外固化胶 NOA61 制备,上下用聚合物层密封。如图 7.16(f)所示压制出无阀泵结构后,采用紫外线照射作初始固化,以便能够将 PDMS 模板取出。取出 PDMS 模板后,在上面覆盖另一层聚合物薄片,再进行紫外线照射以彻底固化 NOA6。最后在聚合物薄膜层上制备压电(PZT)驱动结构,如图 7.16(h)所示,图中未画出 PZT 上下的电极。

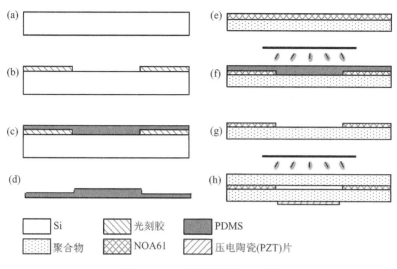

**图 7.16 无阀微泵的加工工艺**

## 7.8 可调惯性开关

加速度开关应用最多的场合就是汽车的气囊,当汽车碰撞的时候,加速度会在瞬时达到很大的值,一旦超过阈值,加速度开关即发出气囊开启信号。为了能够适应不同领域的需求,或者在实际设计中可以对开关的阈值自行定义,有必要研制一种阈值可调的加速度开关器件,图 7.17 所示的结构就是其中之一。可调惯性开关中间有个质量块,其上的受力分别为阻尼力 $F_c$、弹性力 $F_k$、上极板静电力 $F_{e2}$、下极板静电力 $F_{e1}$ 和惯性力 $F_a$。

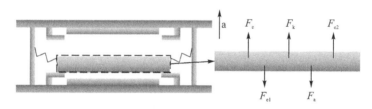

**图 7.17 一种可调惯性开关的原理图**

当惯性力达到某一个阈值,也即加速度达到某一阈值的时候,弹性力无法与静电力和惯性力平衡,会出现快速吸合(pull-in)的现象,电容信号会有一个快速的突变,以此作为开关的启动信号。也可以设计专门的导通电极,通过电极的导通和断开作为开关信号。通过改变上下极板和中心质量块电极之间的电压,可以调节阈值。

实际器件的结构示意图如图 7.18 所示。注意这里有五个电极,其中三个是最基本的:上电极、质量块电极和下电极。前面已经提到过,另外两个电极主要是作为开关使用。如果从左到右按顺序对电极做 1~5 的编号的话(见图 7.18),当质量块超出阈值落下来以后,电极 1 和电极 5 导通。当质量块向上坍塌后,电极 4 和电极 5 导通。

该器件加工工艺相对复杂。主要包括上下极板的制备、中间层的制备、键合区定义和最后的圆片级键合。采用非硅工艺,上下极板的制备工艺路线如图 7.19 所示。

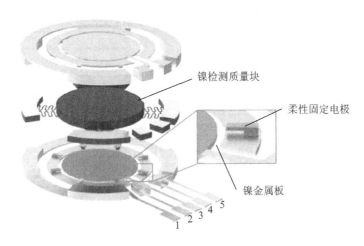

图 7.18 惯性开关器件的结构示意图

采用两片 1 mm 厚的 3 英寸玻璃片,一片后续作为上极板,一片作为下极板。在其上溅射 Cr/Cu 种子层,如图 7.19(a)所示。旋涂 3 μm 厚的光刻胶,并进行图形化。以图形化后的光刻胶作为模板,进行 Ni 的电镀,加工出固定电极(见图 7.19(b)),电镀液采用 $Ni[NH_2SO_3]_2$,电镀温度 45 ℃,电流密度 2 $A/dm^2$。去除光刻胶和其下的种子层(见图 7.19(c))。旋涂 1 μm 的聚酰亚胺(PI)用于 Ni 电极的钝化,在 90 ℃下前烘 7 分钟,使其半固化,以便于后续图形化工艺(见图 7.19(d))。对 PI 进行图形化,采用 5 μm 的旋涂光刻胶,显影光刻胶的过程中,将其下的 PI 一并去除(见图 7.19(e))。采用丙酮去除残留的光刻胶,保留下面的 PI。然后在 300 ℃下后烘 2 小时,使 PI 彻底固化(见图 7.19(f))。接下来将固定电极中与中间电极连接的部位、柔性固定电极与衬底的链接部位加高 4 μm,采用的方法仍然是先做种子层 Cr/Cu(见图 7.19(g)),再以光刻胶为模板进行 Ni 电镀,并进行 CMP 抛光(见图 7.19(h))。采用同样的电镀工艺,加工出柔性固定电极的悬臂梁结构(见图 7.19(i))。至此,上下极板基本加工完成。

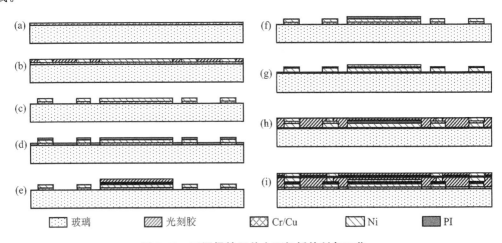

图 7.19 可调惯性开关上下极板的制备工艺

接下来需要在其中一片晶圆上继续加工中间层结构,而在另一片晶圆上需要增高连接部位,在其上加工粘结层。先看一下第一片晶圆的后续工艺,见图7.20。

继续采用光刻胶模板和电镀工艺,加工16 μm厚的Ni支撑结构,之后进行CMP抛光(见图7.20(a))。同样的方法,加工7 μm厚的质量块和折叠弹性梁(见图7.20(b))。重复采用上面的光刻和电镀工艺四次,加工出93 μm厚的质量块,之后进行CMP抛光(见图7.20(c))。采用3 μm厚的光刻胶作为模板,电镀1 μm厚的Au,为后续两个晶圆的键合作准备(见图7.20(d))。最后进行结构释放,除去所有的光刻胶和暴露的种子层,底部电极结构和悬浮电极结构加工完成(见图7.20(e))。

在另一片晶圆上,定义键合区,制备键合粘结层。如图7.20(f)所示,加工6 μm厚的Ni支撑层,仍采用光刻胶模板和电镀工艺。采用光刻胶作为模板,电镀2 μm Sn和1 μm Au,为后续两片晶圆的键合作准备(见图7.20(g))。然后,去除所有的光刻胶和暴露的种子层,第二片晶圆的所有工艺完成(见图7.20(h))。

最后一步为键合工艺,如图7.20(i)所示。对齐两片晶圆;浸入丙三醇(glycerin)溶液中进行键合;升温至250 ℃,保持10分钟;自然冷却后,上下晶圆即键合在一起。之后采用乙醇和纯净的丙三醇(glycerol)进行清洗。最后通过超临界方法释放结构,以获得最终的开关结构,并有效防止粘附失效。图7.21所示为器件加工结果的显微图。

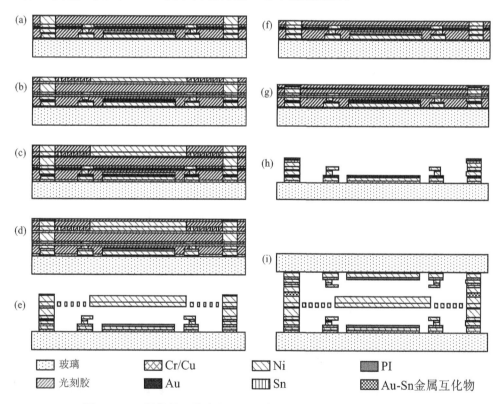

图7.20 可调惯性开关中间层结构的制备、键合区定义与键合工艺

图 7.21 可调惯性开关最终器件的显微照片

## 7.9 岛结构压力传感器

典型压力传感器是由一层薄膜组成,在薄膜的边缘制备四个压敏电阻。当薄膜受到压力产生形变时,四个电阻中两个的阻值变大,另外两个变小。通过惠斯通电桥,测量电阻值的变化,从而得到对应的压力变化,如图 7.22 所示。

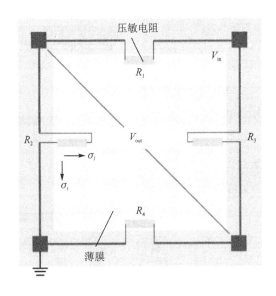

图 7.22 典型压力传感器的平面结构

该方法存在的问题是测量的线性度较差。为了改善这一问题,可以采用薄膜岛结构。薄膜岛结构压力传感器制备工艺如图 7.23 所示。

采用 N 型(100)硅衬底,在其上热氧化 $SiO_2$。采用 RIE 刻蚀 $SiO_2$ 层上准备压敏电阻的区域,剩余约 50 nm 厚度。接下来采用 $3\times10^{14}$ $cm^{-2}$ 的浓度和 100 keV 的能量进行离子注入,制备出压敏电阻(见图 7.23(a))。然后是退火和氧化,光刻图形化并刻蚀氧化层后,进行浓硼扩散,得到高掺杂的低电阻率连接区,以便压敏电阻与高掺杂连接区,高掺杂连接区与后续金属引线之间形成良好的欧姆接触(见图 7.23(b))。压敏电阻区的方块电阻是 225 Ω/□。采用 LPCVD 沉积 250 nm $SiO_2$ 和 110 nm $Si_3N_4$。在晶片背面采用 RIE 腐蚀 $SiO_2$ 和 $Si_3N_4$,之后采用 KOH 各向异性腐蚀,得到方形的应变敏感薄膜(见图 7.23(c))。薄膜的厚度可以控制在 19±2 μm。采用 RIE 刻蚀接触孔,采用 PVD 工艺沉积 Al。对 Al 层进行光刻和腐蚀,形成金属引线和焊盘。在氮气环境下进行 30 分钟退火,温度 480 ℃,可以得到 Al 和高掺杂区之间良好的欧姆接触(见图 7.23(d))。在晶片正面采用 DRIE 工艺刻蚀 9 μm 深,其表面图形由岛结构的设计决定(见图 7.23(e))。最后,晶片与玻璃片进行阳极键合(见图 7.23(f))。其中,键合电压为 1 000 V,玻璃片厚度 500 μm,其上有预制的通气孔,直径为 1 mm。

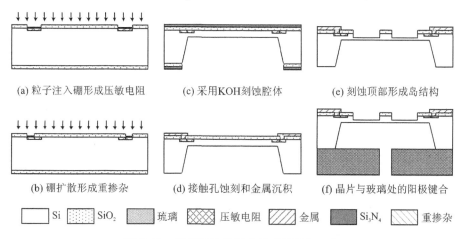

图 7.23　薄膜岛结构压力传感器制备工艺

## 7.10　金属材料缺陷测量传感器

金属材料缺陷测量传感器的原理为楞次定理。在科技馆,经常能看到楞次定理的演示:将磁铁块(一般为钕铁硼磁铁)放入铜管中自由下落,磁铁块并不吸引铜,但是下落速度非常缓慢。原因是下落过程中产生电涡流,电涡流产生的磁场和磁铁之间有相互吸引力导致。基于这样的原理,设计了检测材料缺陷的传感器,只不过将铜管换成了金属板,自由落体变成了扫描运动。在这一过程中,磁铁会受到一个力的作用,当磁铁扫描到金属板中有缺陷的位置时,受力会突然下降,如图 7.24 所示。因此如果能测量磁铁的受力,就可以检测金属板材中的缺陷。

金属材料缺陷测量传感器的基本结构如图 7.25 所示。采用平板电容和于折梁进行微力的测试。其中图 7.25(a)是整体结构结构,图 7.25(b)是弹簧和电极板结构的局部放大图。

金属材料缺陷测量传感器的加工工艺流程如图 7.26 所示。采用 P 型 SOI 晶片作为衬底,其中器件层硅的厚度为 60 μm,电阻率小于 0.005 Ω·cm。支撑硅层的厚度为 500 μm,氧化层厚度为 2 μm。主要的工艺步骤包括清洗和氧化(见图 7.26(a))。光刻和 lift-off 工艺制备金属引线(见图 7.26(b))。结构层的 DRIE 刻蚀,形成弹簧梁结构、电容和磁铁块支撑结构(见图 7.26(c))。DRIE 背面深刻蚀,释放结构(见图 7.26(d))。最后通过微组装粘结磁铁块。

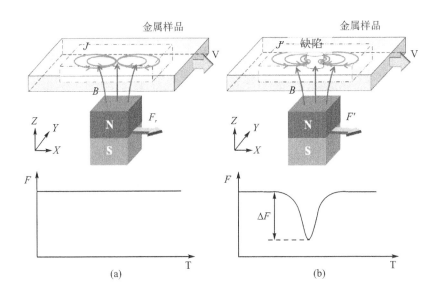

图 7.24 利用楞次定理检测金属件曲线的原理示意图

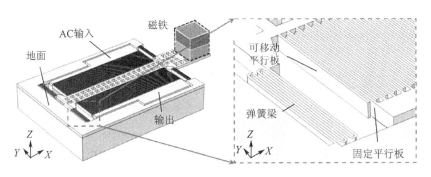

图 7.25 金属材料缺陷测量传感器的基本结构

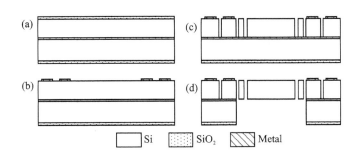

图 7.26 金属材料缺陷测量传感器的加工工艺

## 7.11 电容式微超声发生器与敏感器(CMUT)

超声发生器与敏感器在水声探测、生物超声成像等领域具有重要的应用。目前商业化的微超声发生器与敏感器主要基于压电原理。电容式微超声发生器与敏感器(CMUT)一般采用硅工艺制备,基本结构包含一个固定电极和一个薄膜可动电极。在两个电极之间加交流电,薄膜振动会产生超声。敏感器的结构与此类似,如果薄膜在外界超声作用下产生振动,可以通过检测电容的变化得到超声的幅值和相位等信息。与压电超声器(PMUT)相比,电容式超声器(CMUT)更容易与微电子工艺集成,也具有更高的发射功率和检测灵敏度、在成像方面更容易获得各个单元的独立控制与检测和更高的带宽等。

传统的电容式超声器电容腔体内为真空,其好处是耗散小、信号大,缺点是带宽窄。对此的一种改进方案如图 7.27(a)图所示,增加了通孔,下极板结构采用沟槽而不是平面,这样就可以通过控制沟槽深度来改变压膜阻尼,从而控制带宽。在同一芯片上加工不同的沟槽深度,同时制备出通孔,如图 7.27(b)所示,可以在同一晶圆上制备出不同带宽的超声检测芯片。

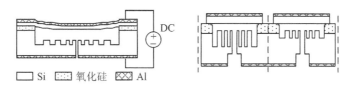

**图 7.27 改进后的 CMUT 结构**

改进型电容式超声传感器的详细加工工艺流程如图 7.28 所示。

| 图示 | 步骤 | 图示 | 步骤 |
|---|---|---|---|
| 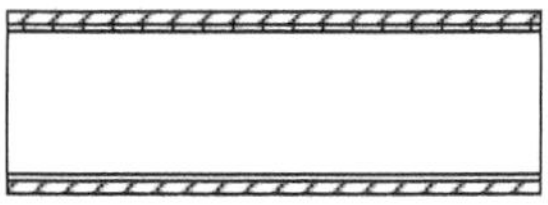  | 1.热氧化生成二氧化硅层,LPCVD 制备氮化层 | 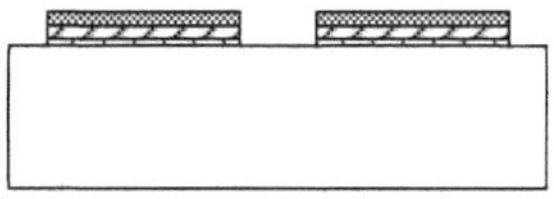  | 2.正面光刻,去除光刻胶掩膜未覆盖部分和背面的二氧化硅和氮化硅 |
| 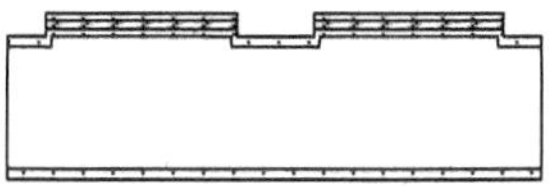  | 3.热氧化以消耗图形内的硅 | 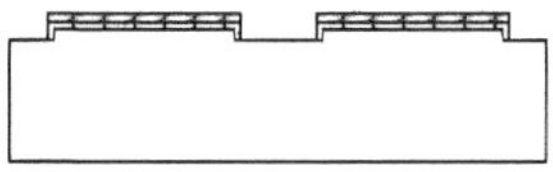  | 4.去掉热氧化层,形成一个很浅的凹坑 |
| 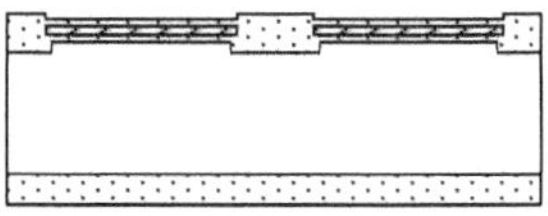  | 5.热氧化 | 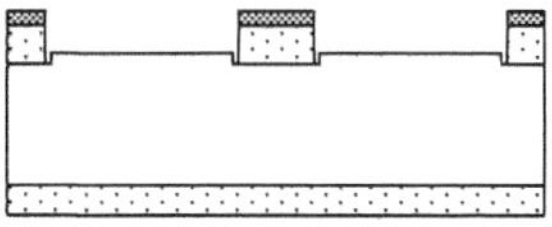  | 6.光刻胶图形化,并去除正面光刻胶暴露区域的氮化硅和氧化硅 |
| 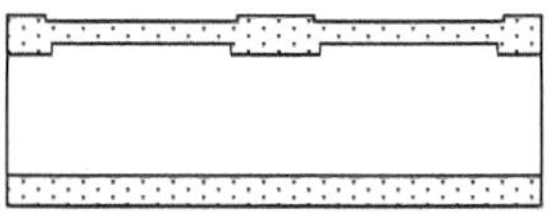  | 7.热氧化,后续作为硬掩膜 | 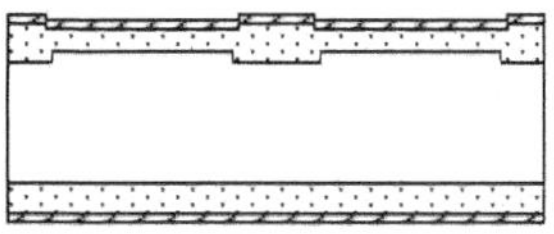  | 8.LPCVD 氮化硅 |

**图 7.28 改进型电容式超声传感器工艺流程**

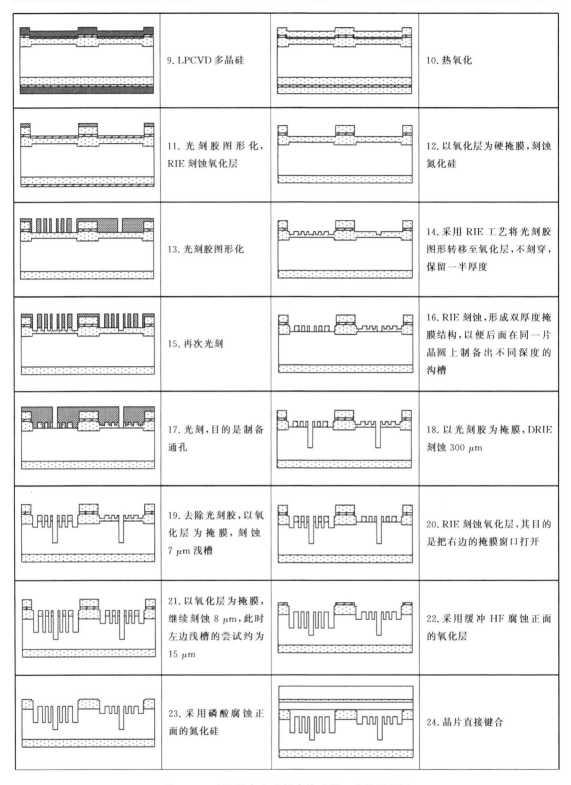

图 7.28　改进型电容式超声传感器工艺流程(续)

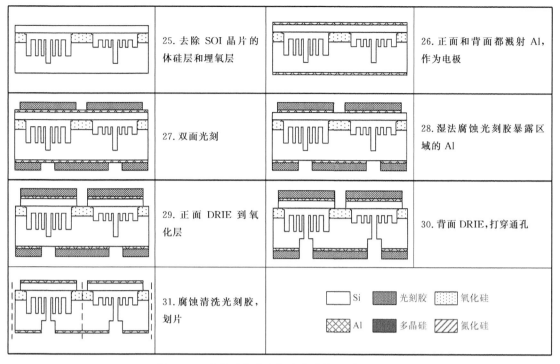

图 7.28 改进型电容式超声传感器工艺流程(续)

# 练习题

**7.1** 综述和分析压电器件的工艺和应用。

结合 7.1~7.5 节中介绍的几种压电器件,查找更多的文献,分析比较不同压电材料及其制备工艺的优缺点,现有工艺对器件性能的制约,压电器件已有的和未来可能的应用场景。

**7.2** 设计:基于硅 MEMS 工艺可调惯性开关。

7.8 节中介绍的可调惯性开关采用多次电镀工艺制备,分析其优缺点。尝试设计基于硅 MEMS 工艺的可调惯性开关工艺流程。

可以在以下两个思路中选择其一:
① 设计纵向(面外)运动可调惯性开关;
② 设计横向(面内)运动可调惯性开关;

要求画出各工艺步骤的截面示意图并给出详细的工艺说明,分析所设计工艺的优缺点。

**7.3** 设计:基于电容敏感原理的岛结构压力传感器。

7.9 节讨论了基于压阻效应的岛结构压力传感器,压阻测量的缺点是温度漂移较大。请参考 9 节中的内容和文献,将敏感机理从压阻式改为电容式,设计电容式岛结构压力传感器的完整工艺流程,要求画出各工艺步骤的截面示意图并给出详细的工艺说明。

# 第 8 章 微纳工程力学基础

MEMS 器件多数具有可动机械结构,微系统设计中经常涉及到这些结构的变形、振动、热传导、流固相互作用等工程力学基础问题。工程力学包括固体和流体力学,是工程学的一个专门领域,本章仅选择在 MEMS 设计和封装中有用的一些题目进行简略的探讨,内容主要包括薄膜力学、典型 MEMS 结构的变形与振动、机电系统的类比性和工程力学中的尺度效应等方面。

## 8.1 薄膜的力学性质

### 8.1.1 应力与应变

机械应力分为两种:正应力和剪切应力。如图 8.1 所示,正应力分析中最简单的情况是受轴向负载的均匀截面支杆。如果应力以垂直于横截面的方向作用,就称作正应力。它常用 $\sigma$ 表示,其定义为作用力($F$)与给定面积($A$)的比值:

$$\sigma = \frac{F}{A}$$

正应力可以是拉应力也可以是压应力。可以考虑支杆内部一无限小的单元,如果这一单元在某一特殊方向被拉伸,这一应力就是拉应力;如果这一单元被压缩,这一应力就是压应力。

应力和应变关系密切,在小应变情况下,根据胡克定律,应力和应变($\varepsilon$)互成比例,比例常数 $E$ 为弹性模量:

$$\sigma = E\varepsilon$$

弹性模量是材料的固有性质。对于给定的材料,无论其形状、尺寸如何,都是常数。需要指出的是,弹性模量也会受到温度的影响。

剪切应力可以在不同的作用力负载条件下产生。如图 8.1 所示,产生剪切应力最简单的方法就是一对作用力作用在立方体两个相对的面上。这种情况下剪切应力的大小定义为

$$\tau = \frac{F}{A}$$

剪切应力会使单元的形状产生变形,最初长方体的单元变形为倾斜平行六面体。剪应变 $\gamma$ 为转动位移的大小,即

$$\gamma = \frac{\Delta x}{L}$$

剪应变是没有单位的,实际上,它表示单位为弧度的角位移。剪切应力和剪应变也通过一个比例系数相互关联,称作剪切模量 $G$。

$$G = \frac{\tau}{\gamma}$$

$G$ 也只与材料有关,与物体的形状和尺寸无关。对于给定的材料,$E$、$G$ 和泊松比可以通

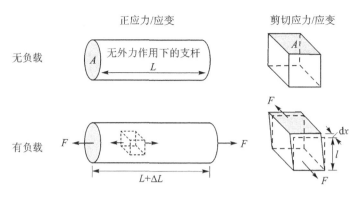

图 8.1 正应力和剪切应力

过以下公式联系起来。

$$G = \frac{E}{2(1+\nu)}$$

关于应力和应变之间的关系,理论和实验上都已经研究了很多材料,包括普通延展性材料(如各种金属)、脆性材料(如硅)和橡胶材料。不同类型的材料的一些典型曲线如图 8.2 所示。延展性材料当外加应力比较小时,应力和应变成比例增加,曲线的这一区域称为弹性形变区。应力达到一定值时,材料就进入塑性变形区。它的应力—应变曲线有两个明显的点:屈服点和断裂点。屈服点在 y 轴的坐标为材料的屈服强度;断裂点在 y 轴的坐标为极限强度(或断裂强度)。

弹性是在材料发生弹性形变时吸收能量的能力,以及撤销负载时回复到最初状态的能力。延展性是持续到断裂点的塑性形变程度的度量。如果在断裂之前只经历了很小或者没有经历塑性形变,那么这种材料就是脆性材料。如硅,在超过弹性极限后很小的延伸都会使其断裂。韧性是表述材料指导断裂前吸收能量能力的力学度量。它是指导断裂点前应力—应变曲线下面的面积。有韧性的材料必须既有强度又有延展性。

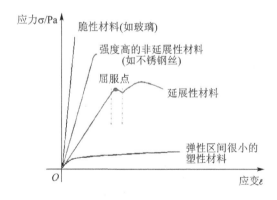

图 8.2 应力-应变关系

## 8.1.2 薄膜的力学特性与本征应力

单晶硅的力学性质在第二章已有描述,再此不做赘述。MEMS 材料的性质会收到很多敏感因素的影响,如精确的材料生长条件,表面光洁度以及热处理数据。对于宏观试样,由于平均效应这些差异并不明显。然而宏观样品得到的数据并不适合微观情况。测量得到微观样品的材料力学属性(包括断裂强度、弹性模量等)会受样品尺寸、材料制造工艺和材料的晶向等的影响。例如,某些测量得到的材料的断裂强度、品质因数都和样品的尺寸有关,有些微观尺寸的断裂强度比毫米级的要大 20 倍以上。由于小体积内没有缺陷,相对体材料,微器件可能表现出更大的弹性强度和应变。

薄膜是微系统设计的基本要素,如第四章所述,这些薄膜可以通过热氧化与表面改性、气相沉积和液相沉积等多种方式获得。需要说明的是,即使在室温和零外加负载的情况下,很多薄膜材料都存在内部应力的作用,称为本征应力。无论是金属薄膜、还是多晶硅、氧化硅、氮化硅等,都表现出本征应力。而且,本征应力在薄膜的厚度方向上可能是恒等的也可能是不均匀的,如果厚度方向本征应力不均匀,就会产生应力梯度。

本征应力产生的原因有很多:

1) 在沉积和使用过程中由于温度差而产生本征应力。多数情况下薄膜是在较高的温度下沉积在衬底上的,在沉积过程中,薄膜分子或原理以一定的平衡间距结合到薄膜中,从腔体中取出降至室温后,温度变化使得材料以大于或小于衬底的速率收缩,从而相应地产生本征的拉应力或压应力。

2) 本征应力也可能源于沉积薄膜的晶格结构。例如,在硅的热氧化工艺中,氧原子结合到硅晶格中会在氧化膜中产生本征的压应力。

除了上述两种机制外,材料的相变和杂质原子的引入也可以产生本征应力。例如硅原子中扩散硼,会在硅表面上产生应力梯度。

因此,在基底上沉积本征应力为零的薄膜非常困难。本征应力是薄膜的重要参数,是MEMS 器件的成败关键因素。如图 8.3 所示的边界夹紧的薄膜上,当材料受到本征拉应力的时候,就能保证其平整性;当拉应力过大时则可能导致其破裂。另一方面,压应力过大时薄膜会发生翘曲。如图 8.4 所示,热氧化膜的双端固支结构由于过大的压应力而发生翘曲变形。

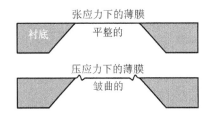

图 8.3 本征拉应力薄膜的拉紧状态和压应力下薄膜的翘曲状态

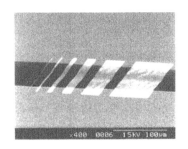

图 8.4 本征压应力 SiO$_2$ 薄膜的翘曲变形

有些情况下，人们希望通过本征应力的引入实现梁的弯曲。以双层膜悬臂梁结构为例。如果下层薄膜本征应力为零（如单晶硅），上层薄膜为拉应力，则悬臂梁会向上弯曲；反之，如果上层薄膜为压应力，则向下弯曲。需要明确的是，单端固支的悬臂梁结构的弯曲，是由于其厚度方向的应力梯度（或者应力差）造成的。如图8.5所示，悬臂梁由单层薄膜层组成，但薄膜厚度方向存在压应力的应力差 $\Delta\sigma$，下表面的压应力大于上表面的压应力，则悬臂梁可发生弯曲甚至卷曲。其弯曲的曲率可用下式计算：

$$\frac{1}{R_f} = \frac{\Delta\sigma}{d_f E_f}$$

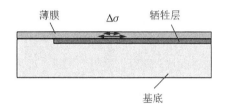

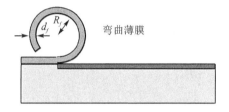

**图 8.5　应力梯度引起的悬臂梁弯曲**

测量薄膜的本征应力的常用方法是使用圆形平板支撑一层要研究的薄膜，薄膜中的应力可以从圆板的曲率推导出来（见图 8.6）。在衬底很薄，弹性各向同性，初始平坦的条件下，可用 Stoney 公式计算单层薄膜的本征应力和衬底曲率的关系：

$$\frac{1}{R} = \frac{6(1-\nu)\sigma h}{E t^2}$$

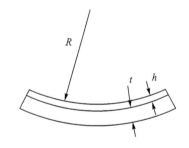

**图 8.6　测量本征应力的实验方法**

式中，$R$ 为曲率半径，$\nu$ 为衬底的泊松比，$\sigma$ 为薄膜的平均内应力，$E$ 为衬底的和杨氏模量，$t$ 为衬底厚度，$h$ 为薄膜的厚度。薄膜的曲率半径可以通过台阶仪、光学形貌仪等方法获得。需要说明的是，这个方法只能用来测量整个圆片面上薄膜的平均应力，很多情况下圆片的面内方向和厚度方向本征应力都是不均匀的。

## 8.2　典型 MEMS 结构

在 MEMS 器件中，梁和膜片是两种最基本的机械结构。本节以最为简单的悬臂梁和圆形膜片为例，讨论其静力作用下的弯曲问题。

## 8.2.1 悬臂梁

悬臂梁结构在微系统中应用广泛，包括原子力显微镜探针、谐振式质量传感、生物分子感知探针、红外传感阵列等。基于电子束光刻等前沿技术，悬臂梁结构尺寸已可缩小到亚微米长度和数十纳米的厚度。

计算小位移时梁的曲率的一般方法是求解梁的二次微分方程：

$$\frac{d^2 y}{dx^2} = \frac{M(x)}{EI}$$

式中，$M(x)$ 表示位于 $x$ 的横截面的弯矩，$y$ 表示 $x$ 处的位移。常见悬臂梁的横截面是矩形的，假若其看宽度和厚度分别为 $b$ 和 $h$，悬臂梁在厚度方向上弯曲，则其相对于中性轴的惯性矩为

$$I = \frac{bh^3}{12}$$

在自由端受负载（$F$）的情况下，其挠曲轴的方程为

$$y = \frac{Fx^2(3l - x)}{6EI}$$

最大挠度发生在自由端（见图 8.7）。其最大挠度为

$$y_B = \frac{Fl^3}{3EI}$$

梁自由端的弯曲角为

$$\theta_B = \frac{Fl^2}{2EI}$$

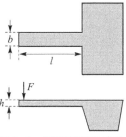

图 8.7 矩形界面悬臂梁受集中载荷时的变形

悬臂梁的弹簧常数可以定义为

$$k = \frac{F}{y_B} = \frac{3EI}{l^3}$$

最大拉应力发生在悬臂梁支撑端上表面，其值为

$$\sigma_{max} = \frac{6Fl}{bh^2}$$

可见，悬臂梁的挠度与其长度和厚度都呈立方关系，影响较大，而宽度为一次方的关系。当考虑最大应力时，当力恒定时，与长度和宽度相比，悬臂梁厚度对最大应力的影响影响更大。

此外，当悬臂梁受均布载荷时，其最大挠度和转角同样发生在自由端，分别是

$$y_B = \frac{ql^4}{8EI}$$

$$\theta_B = \frac{ql^3}{6EI}$$

## 8.2.2 圆形膜片

在 MEMS 器件中，有很多用到膜片的地方，如压力传感器或者 MEMS 麦克风的原理就是将膜片的受压变形变成电信号的输出。图 8.8 所示为一种典型的压力传感器圆膜片受力模型，这种膜片在均布静载下的变形可以用板壳理论来求解。下面简单给出圆形膜片在小变形

时的理论最大应力和最大挠度。

最大径向应力在圆板的边缘：

$$(\sigma_{rr})_{max} = \frac{3R_m^2 \Delta p}{4h^2}$$

最大轴向应力在圆板的边缘：

$$(\sigma_{\theta\theta})_{max} = \frac{3\nu R_m^2 \Delta p}{4h^2}$$

圆板中心处的应力：

$$\sigma_C = \frac{3\nu R_m^2 \Delta p}{8h^2}$$

最大挠度发生在质心：

$$w_C = \frac{3R_m^4 \Delta p (1-\nu^2)}{16Eh^3}$$

需要指出的是，上述公式仅考虑了弯矩的影响，并没有考虑膜片的内部应力，内部应力的存在会影响薄膜的变形量和应力情况。当膜片的变形量远大于其膜片厚度时，其径拉应力成为影响其变形的关键因素，上述变形和应力公式不再适用。感兴趣的读者可以进一步参考《微系统设计导论》(董瑛等译)等相关教材。

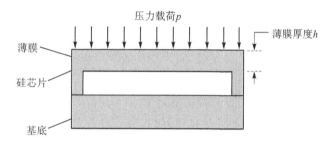

图 8.8　圆膜片的受均布载荷弯曲模型

## 8.3　动态系统、谐振频率和品质因数

MEMS 系统通常可以简化为经典的弹簧—质量—阻尼构成的二阶系统。这些支撑的机械单元(膜片、梁或悬臂梁)提供弹性回复的弹簧力，质量块的运动由于与空气分子的碰撞形成一种与速度相关的阻尼。在时变的输入信号作用下，系统输出都会有改变。因此，理解 MEMS 动态系统对于分析传感器和执行器的性能特征至关重要。

### 8.3.1　动态系统和控制方程

经典的弹簧—质量—阻尼系统的控制方程为

$$m\ddot{x} + c\dot{x} + kx = f(t)$$

式中，$c$ 为阻尼系数，$k$ 为弹簧常数，$m$ 为质量，$f(t)$ 为力函数。两边同时除以 $m$，得到

$$\ddot{x} + 2\xi\omega_n\dot{x} + \omega_n^2 x = a(t)$$

式中，

$$\omega_n = \sqrt{\frac{k}{m}}$$

为自然谐振频率,而

$$\xi = \frac{c}{2m\omega_n} = \frac{c}{c_r}$$

为阻尼率。系数 $c_r$ 为临界阻尼系数。

对于不同的输入,其控制方程的解也不相同:

1) 若输入 $f(t)=0$,则称为自由系统解。
2) 若输入 $f(t)=F\sin(\omega t)=F\sin(2\pi ft)$,则系统受正弦受迫振动。
3) 若系统 $f(t)$ 为任意函数,则方程的解可能包含瞬态和稳态项。

我们重点考虑正弦激励的情况,其稳态输出将是一个与激励信号同频的正弦信号 $x=A\sin(\omega t+\phi)$。可以用传递函数来分析其输入输出关系:

$$T = \frac{X}{F} = \frac{1}{ms^2 + Cs + k} = \frac{1/m}{s^2 + 2\xi\omega_n s + \omega_n^2}$$

因此,用 $j\omega$ 替换 $s$,输出位移的幅值为

$$A = |T|F = \frac{F/m}{\sqrt{(\omega_n^2 - \omega^2)^2 + 4\xi^2\omega_n^2\omega^2}}$$

可见,输出的幅值既是频率 $\omega$ 的函数,也是阻尼率 $\xi$ 的函数。当 $c>c_r$,称为系统过阻尼。若阻尼处于临界阻尼和 0 之间,则称系统欠阻尼。正弦激励下欠阻尼系统位移的典型频谱如图 8.9 所示。在谐振点($f_r=\omega_n/(2\pi)$)附近,机械振动幅度急剧增大,系统发生谐振。MEMS 系统的谐振是很有用的,通过使微传感器和执行器位于谐振频率处,可以增加灵敏度或执行的范围。当然,谐振也可能造成 MEMS 器件的自损坏。

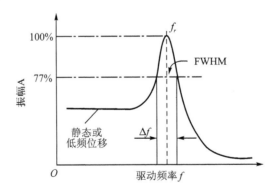

图 8.9 欠阻尼系统的典型频谱特性

## 8.3.2 品质因数与谐振频率

MEMS 系统中的机构运动总会面临阻尼,阻尼可能来自流体的粘性作用和结构阻尼(内部能量消耗)。阻尼系数会受到温度、压力、气体分子类型和环境因素的影响。

品质因数($Q$)代表谐振峰的尖锐程度,可以有很多种定义方法。从数学上,品质因数可以定位为中心频率与半峰宽(FWHM)之比,其中半峰宽为一半功率点(或 0.707 倍振幅处)两频率之间的频宽。

$$Q = \frac{f_r}{\Delta f}$$

从能量的角度看,$Q$是系统中储存的总能量与每一个振荡周期中损失的能量的比值,每一个周期中损失的能量越少,品质因数越高。

当然,品质因数和阻尼因子有关,且成反比,即

$$Q = \frac{1}{2\xi}$$

因此,MEMS器件可以通过降低工作气压、改进表面粗糙度、退火、或者改善结构的支撑条件来提高。人们已经在微纳谐振器中证实了MEMS器件的$Q$值范围可以从几百到几十万。

谐振频率决定了一个器件的最终可获得的带宽。常见机械结构的谐振频率的计算公式可以参考《微系统设计导论》*(第9章 振动)的内容。

机械单元的谐振频率的提升可以通过缩小结构的特征尺寸来实现,MEMS器件的谐振频率可以从$10^3$Hz到$10^7$Hz。需要注意的是,谐振频率很容易受温度的影响,如何降低谐振频率的温度漂移是诸多MEMS器件设计关键。

## 8.3.3 机-电系统的类比性与等效电路

很多机械振动系统和振荡电路在数学表达上具有相似性。利用机械振动系统和电路系统二者的方程在结构上的相似关系和成熟的电路分析方法,可以简化分析力学振动系统的运动规律。

我们已知如图8.10(a)所示的机械振动系统的控制方程,变化为速度的方程为

$$m\frac{dv}{dt} + cv + k\int v\,dt = f(t)$$

如图8.10(b)所示电路系统的控制方程可表达为

$$L\frac{di}{dt} + R_e i + \frac{1}{C}\int i\,dt = u(t)$$

可见,在控制方程的表达形式上相似,如下表8.1所列的参数间具有类比性。因此,分析机械振动系统的动态特性时,我们可以分析出机械振动系统的等效电路,利用一些电路分析软件(LSpice、Multisim等)来等效分析。

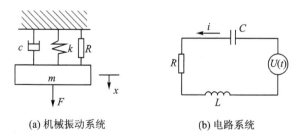

(a) 机械振动系统  (b) 电路系统

**图8.10 机械振动系统与电路系统的示意图**

---

* 沃纳·卡尔·施默博格.微系统设计导论[M].董瑛,等,译.2版.北京:清华大学,2019.

表 8.1 机—电系统的类比性

| 机械振动系统参数 | 电路系统参数 |
|---|---|
| 力 $f(t)$ | 电压 $u(t)$ |
| 质量 $m$ | 电感 $L$ |
| 弹簧常数 $k$ | 电容的倒数 $1/C$ |
| 阻尼系数 $c$ | 电阻 $R_e$ |
| 速度 $v$ | 电流 $i$ |

例：如图 8.11 所示电容式硅微悬臂梁谐振器，悬臂梁和金属电极之间的间隙仅为 $1~\mu m$，悬臂梁的长宽厚分别为 $100~\mu m$、$80~\mu m$ 和 $1~\mu m$。考虑到静电电容在其反馈的传感和驱动作用，以及悬臂量共振子的电学等效，总体系统的等效电路如图 8.12 所示，为真实电容 $C_0$ 与 $R$-$L$-$C$ 串联电路的并联形式。

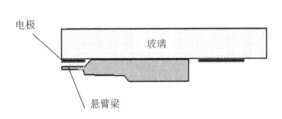
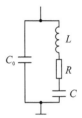

图 8.11 电容式硅微悬臂梁谐振器　　　图 8.12 电容式硅微悬臂梁的等效电路

## 8.4 微型化中的尺度效应

结构的小型化可以带来高频率、高场强、快速热响应和低雷诺数（见图 8.13），这源于基于物理和化学原理的尺度效应。因微纳知识体系中包含固体、流体、热、电磁、电子和化学等各个方面，这些微型化中的尺度效应，可以为我们设计高性能 MEMS 器件提供了基本的指导。

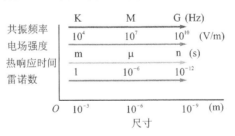

图 8.13 微型化中力-电-热等各物理量的尺度效应

体积和表面积是在微系统设计中经常涉及的两个物理量。很明显，体积与特征尺寸的立方成正比，而表面积仅与特征尺寸的平方成正比。我们把表面积与体积之比定义为比表面积，显然它与特征尺寸是倒数关系。比表面积在生物进化中也具有重要意义。例如，生物产热能力与其体积（质量）相关，而热损失与表面积相关，因此，小型动物为了维持体温，需要更频繁地进食。

体积显然与质量、重力、热容、电磁力等都有关。而表面积与化学反应速度、对流热传导中的热吸收和耗散、摩擦力、静电力等有直接关系。这也可以让我们很容易理解,结构小型化到一定尺寸后,静电驱动会比电磁驱动具有更高的效率。因此在 MEMS 系统中出现了大量的压电驱动、静电驱动,而电磁驱动相对较少;传统机器中多利用电磁原理的马达。

## 练习题

**8.1** 为什么薄膜层的应力很重要?这对微系统技术发展有什么意义?

**8.2** 利用斯托尼方程可以通过测量晶圆的曲率半径计算薄膜的应力,请考虑使用哪种方法测量基底的曲率半径,如何测量薄膜的厚度?

**8.3** 若悬臂梁的长、宽和厚度分别为 $l,b,h$,杨氏模量为 $E$,请推导其在均布载荷($P$,单位 $N/m^2$)下的挠度公式和共振频率的计算公式,并考虑其尺寸效应。

**8.4** 水晶共振子常用作质量或膜厚传感器,其品质因数和谐振频率是非常重要的性能参数。请思考其品质因数受哪些参数影响,如何提升其品质因数?

# 第 9 章　典型的 MEMS 传感原理

本章介绍典型的传感原理,主要包括压阻效应、压电效应和静电效应。在讨论其基本原理的基础上,进一步介绍典型的应用案例。本章内容与工程力学基础是 MEMS 传感器设计的基础知识。

## 9.1　压阻效应及其原理

### 9.1.1　电阻率与电阻

电阻率(Resistivity)是描述材料导电性能的物理量。电阻率在数值上等于单位长度、单位截面材料的电阻值,科学符号为 $\rho$,国际单位是 $\Omega \cdot m$。电阻定律可以表示为

$$R = \frac{\rho L}{S} \tag{9-1}$$

其中,$R$ 为电阻值,$S$ 为截面积,$L$ 为长度。电阻率与导体的长度、横截面积等因素无关,是导体材料本身的电学性质,由导体的材料决定,且与温度有关。电阻率较低的物质称为导体,常见导体主要为金属,而自然界中导电性最佳的是银。其他不易导电的物质如玻璃、橡胶等,电阻率较高,一般称为绝缘体。介于导体和绝缘体之间的物质(如硅)则称半导体。电阻率的倒数为电导率。

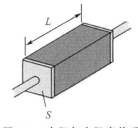

图 9.1　电阻与电阻率关系

电阻率一般会随温度变化而变化。在温度变化不大时,电阻率与温度之间存在线性关系:

$$\rho_T = \rho_0 [1 + \alpha(T - T_0)] \tag{9-2}$$

式中,$\rho_0$ 为材料在基准温度下电阻率;$\rho_T$ 为 $T$ 摄氏度下电阻率;$\alpha$ 为电阻率的温度系数,在温度小范围内变化时可认为是常数。根据 $\alpha$ 的正负可以将材料分为正温度系数材料(Positive Temperature Coefficient, PTC)和负温度系数材料(Negative Temperature Coefficient, NTC)。其中,PTC 材料随温度上升电阻增大,可实现自保护的加热功能。NTC 材料随温度升高电阻减小,可用于制备温度传感器或热敏电阻。

根据式(9-1),电阻变化率可以表示为

$$\frac{dR}{R} = \frac{d\rho}{\rho} + \frac{dL}{L} - \frac{dS}{S} \tag{9-3}$$

可以看出,电阻阻值变化主要来自两个因素,即电阻率 $\rho$ 的变化以及几何尺寸 $L$ 或者 $S$ 的变化。对选定的材料,根据其在应变 $\varepsilon_L$($\varepsilon_L = dL/L$)下产生的电阻变化,定义应变灵敏度系数 $G$(Gage Factor),即

$$G = \frac{dR/R}{dL/L} = \frac{dR/R}{\varepsilon_L} = (1 + 2\mu) + \frac{d\rho/\rho}{\varepsilon_L} \tag{9-4}$$

式中，$\mu$ 为材料泊松比。不同材料特性如表 9.1 所列，常见金属应变片的系数 $G$ 主要受材料泊松比的影响。而半导体材料的应变传感器主要依靠材料电阻率随应变的变化，其应变灵敏度系数超过各类金属材料几十倍，即式（9-4）中 $\dfrac{\mathrm{d}\rho/\rho}{\varepsilon_L}$ 部分，也是半导体压阻效应的主要产生部分。

表 9.1 不同材料的应变灵敏度系数和电阻率温度系数

| 材料 | 成分/% | 应变灵敏度系数 $G$ | 电阻温度系数 /($10^{-5} \cdot ℃^{-1}$) |
|---|---|---|---|
| 康铜(Constantan) | $Ni_{45}$, $Cu_{55}$ | 2.1 | ±2 |
| 等弹性弹簧合金(Isoelastic) | $Ni_{36}$, $Cr_8$, $(Mn, Si, Mo)_4$, $Fe_{52}$ | 3.52~3.6 | +17 |
| 卡玛合金(Karma) | $Ni_{74}$, $Cr_{20}$, $Fe_3$, $Cu_3$ | 2.1 | +2 |
| 锰镍铜合金(Manganin) | $Cu_{84}$, $Mn_{12}$, $Ni_4$ | 0.3~0.47 | ±2 |
| 479 合金 | $Pt_{92}$, $W_8$ | 3.6~4.4 | +24 |
| 镍 | 纯镍 | −20~−12 | 670 |
| 镍合金(Nichrome V) | $Ni_{80}$, $Cr_{20}$ | 2.1~2.63 | 10 |
| 硅 | p 型 | 100~170 | 70~700 |
| 硅 | n 型 | −140~−100 | 70~700 |
| 锗 | p 型 | 102 | |
| 锗 | n 型 | −150 | |

## 9.1.2 硅压阻及压阻系数

半导体材料的电阻率介于导体和绝缘体之间（$10^{-5}$ Ω·m 至 $10^6$ Ω·m），掺杂单晶硅是一种常见的半导体材料，在外力作用下晶格结构发生畸变，导带和价带的能级结构发生变化，从而引起载流子迁移率的变化，形成宏观的电导率改变。当厚度方向为零时，单晶硅的电阻变化率可表示为

$$\dfrac{\mathrm{d}R}{R} = \pi_L \sigma_L + \pi_T \sigma_T + \alpha_T \Delta T \tag{9-5}$$

式中，$\sigma_L$ 和 $\pi_L$ 为纵向应力和纵向应变压阻系数，$\sigma_T$ 和 $\pi_T$ 为横向应力和横向应变压阻系数，$\alpha_T$ 为温度系数。如图 9.2 所示，通过的电流方向与受力方向相同时，可测出其纵向压阻系数（见图 9.2(a)），电流方向与受力方向垂直时，电阻变化主要受横向压阻系数的影响（见图 9.2(b)）。

单晶硅压阻系数因晶向不同而变化，且随掺杂浓度和温度改变。室温下 n 型和 p 型单晶硅沿着不同晶相方向的压阻系数如表 9.2 所列。

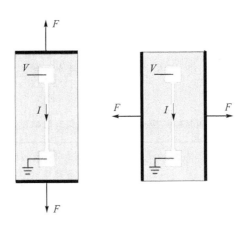

图9.2 纵向与横向应变压阻系数

表9.2 室温下单晶硅的压阻系数

| 掺杂类型 | 电阻率 /(W·cm) | 压阻系数 /($10^{-11}\cdot Pa^{-1}$) | | |
|---|---|---|---|---|
| | | $\pi_{11}$ | $\pi_{12}$ | $\pi_{44}$ |
| n ($4\times10^{14}/cm^3$) | 11.7 | −102.2 | 53.4 | −13.6 |
| p ($1.5\times10^{13}/cm^3$) | 7.8 | 6.6 | −1.1 | −138.1 |

在不同应变和电流方向下,单晶硅应变呈现出更多的组合类型,典型的压阻系数与应变方向和电流方向关系如表9.3所列。硅压阻效应把力学量转换成电信号,单晶硅常被用来制成各种压力、应力、应变、加速度传感器。

表9.3 单晶硅不同晶相下的压阻系数

| 应变方向 | 电流方向 | 应变类型 | 压阻系数 |
|---|---|---|---|
| <100> | <100> | 纵向 | $\pi_{11}$ |
| <100> | <010> | 横向 | $\pi_{12}$ |
| <110> | <110> | 纵向 | $(\pi_{11}+\pi_{12}+\pi_{44})/2$ |
| <110> | <110> | 横向 | $(\pi_{11}+\pi_{12}-\pi_{44})/2$ |
| <111> | <111> | 纵向 | $(\pi_{11}+\pi_{12}+2\pi_{44})/2$ |

## 9.1.3 压阻传感的测量电路

当压阻器件变形改变电阻时,如何准确快速测量电阻变化成为提升传感性能的关键,惠斯通电桥电路通过检测电阻值的相对变化,形成了结构简单且具有高准确度和高灵敏度的检测电路。

惠斯通电桥基本电路如图9.3所示,由四个阻值接近的电阻串并联而成,根据参与测量阻值改变的电阻不同,可以分为四分之一桥(见图9.3(a))、半桥(见图9.3(b))和全桥(见图9.3(c))三种构建方式。四分之一桥电路为四个电阻中唯一被测的变化电阻,其他三个电阻阻值

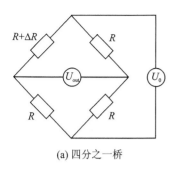 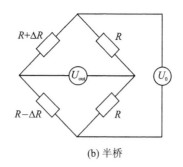 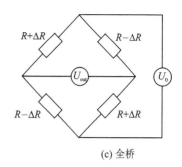

(a) 四分之一桥　　　　　　　(b) 半桥　　　　　　　(c) 全桥

**图 9.3　惠斯通电桥电路**

保持不变,根据基本电路分压原理可得

$$\frac{U_{out}}{U_0} = \frac{1}{2} - \frac{R}{2R + \Delta R} \qquad (9-6)$$

式中,$U_0$ 为输入电压,$U_{out}$ 为输出检测电压,$R$ 为初始阻值,$\Delta R$ 为变化阻值。当 $\Delta R \ll R$ 时,式(9-6)可简化为

$$\frac{U_{out}}{U_0} \approx \frac{\Delta R}{4R} \qquad (9-7)$$

如此通过比较输出电压和输入电压变化,可获得被测电阻阻值的变化情况,进而获得压阻传感器应变。半桥电路在四分之一桥电路上,通过合理布置压阻传感器,可将其中一固定电阻替换为反向变化的电阻,输出电压变化将增大一倍,为 $\Delta R/(2R)$。如果将压阻传感器按图 9.4 所示布置,可进一步获得全桥电路,在图示受力条件下,$R_1$ 和 $R_3$ 随着力 $F$ 的增大而减小,$R_2$ 和 $R_4$ 随 $F$ 的增大而增大,利用图 9.3(c)所示电路原理可获得更灵敏的电压变化信号扩大 4 倍,为 $\Delta R/R$。由于环境温度会影响电阻阻值,通过将电桥放置于同一环境下可以抵消环境温度对测量精度的影响。根据式(9-4),对应变灵敏度系数为 $G$ 的压阻传感器,在应变 $\varepsilon$ 下全桥电路输出信号为

$$\frac{U_{out}}{U_0} \approx G\varepsilon \qquad (9-8)$$

由硅材料沿不同晶向方向的横向和纵向压阻系数不同,可以在硅构成的膜片式压阻传感器中直接获得全桥结构电路,通过设置合适的晶向方向,可以获得较高的压阻系数。

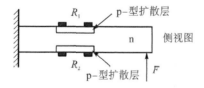
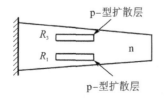

**图 9.4　压阻传感器位置设计**

## 9.2 压电效应及其原理

### 9.2.1 压电效应及基本参数

压电是指在给某些固体材料(如晶体、某些陶瓷或生物物质)施加机械应力时,材料内部积累电荷形成电压的现象。压电效应来自其非对称离子或偶极子分子结构,在机械性能和电性能之间形成的线性机电作用关系,可来自外界压力或材料内部因温度等原因产生的内应力。以石英压电效应为例,其内部 Si 和 O 原子通过得失电子形成共价键,当材料受外部拉力或者压力时,晶格在分子尺度发生拉伸或挤压结构变形,导致其电荷中心与几何中心发生变化,从而在材料两表面极化产生电荷,形成电压(见图 9.5)。压电效应是一个可逆过程,表现出压电效应的材料也表现出逆压电效应,即由外加电场导致内部生成机械应变(见图 9.6)。例如,锆钛酸铅晶体在其静态结构发生约 0.1% 的原始尺寸变形时,将产生可测量的压电电压。相反,当施加外部电场时,这些相同的晶体将改变其静态尺寸的约 0.1%,逆压电效应常被用于产生超声波。

压电效应已应用于多种设备或装置中,包括声音的产生和检测、压电喷墨打印,以及作为电子器件的时钟发生器、微天平、驱动超声波喷嘴和光学组件的超细聚焦。压电位移台还构成了扫描探针显微镜的基础,可以在原子尺度上分辨图像。压电效应也有很多日常应用,如产生火花以点燃燃气烹饪和加热设备、火炬与打火机。

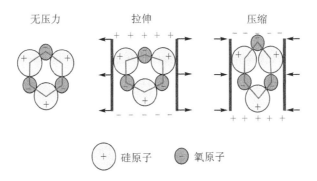

图 9.5 石英中硅原子、氧原子的压电效应

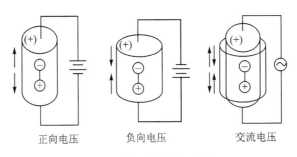

图 9.6 逆压电效应示意图

压电效应本质上来自于材料变形产生的分子电偶极矩变化,在平板电极间填充满压电材

料,当平板电极间距改变时,定向排列的电偶极矩会在两侧电极上形成极化电荷 $q$,即

$$q = kf \tag{9-9}$$

式中,$f$ 为外加法向作用力,$k$ 为压电常数。常见材料如水晶压电常数为 2.3 pC/N,钛酸钡为 140 pC/N。该压电结构可简化成漏电阻无穷大的电容模型(见图 9.7),电荷 $q$ 在电容 $C$ 两侧形成的压电电压 $V_0$ 可以表示为

$$V_0 = \frac{q}{C} = \frac{kf}{C} = \frac{kfx}{\varepsilon_0 \varepsilon_r A} \tag{9-10}$$

式中,$x$ 为压电材料厚度,$A$ 为截面积,$\varepsilon_0$ 和 $\varepsilon_r$ 为介电常数。

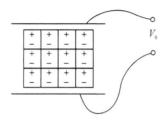

**图 9.7 压电效应理论模型**

根据压电材料的应力应变和压电性能,可以得到如下关系:

$$\{D\} = [d]\{\sigma\} + [\varepsilon^T]\{E\} \tag{9-11}$$

式中,$D$ 为电通量密度,$d$ 为压电常数,$\sigma$ 为应力,$\varepsilon^T$ 为介电常数,$E$ 为电场强度。不同压电材料的压电常数如表 9.4 所列,单晶及陶瓷类压电材料由于具有高弹性的模量,对外加载荷响应速度快,可实现对高频振动信号的测量。PVDF 这类有机薄膜压电材料,拥有柔性、可弯折的特点,常用于可穿戴传感、柔性电子等力信号检测领域。

压电传感器的一个局限是不能用于持续的静态测量,静态力导致压电材料上的电荷量维持固定状态,在一般的测量电子设备中积累的电荷会逐渐损失,产生一个不断减少的信号,影响测量精度。此外,温度升高也会导致内部电阻和灵敏度下降。

**表 9.4 常见压电材料的压电常数**

| 材 料 | 分子式 | 类 型 | 压电常数 /(pm·V$^{-1}$ 或 pC·N$^{-1}$) |
|---|---|---|---|
| 磷酸二氢铵(ADP) | $NH_4H_2PO_2$ | 单晶 | $d_{36}=48$ |
| 钛酸钡 | $BaTiO_3$ | 单晶 | $d_{15}=587$ |
| 钛酸钡 | $BaTiO_3$ | 多晶陶瓷 | $d_{15}=270$ |
| 锆钛酸铅(PZT) | $PbZr_{0.6}Ti_{0.40}O_3$ | 多晶陶瓷 | $d_{33}=117$ |
| 钛酸锆酸镧铅(PLZT) | $Pb_{0.925}La_{0.5}Zr_{0.56}Ti_{0.44}O_3$ | 多晶陶瓷 | $d_{33}=545$ |
| 聚偏二氟乙烯(PVDF) | $(CH_2CF_2)_n$ | 取向薄膜 | $d_{31}=28$ |
| 磷酸二氢钾(KDP) | $KH_2PO_4$ | 单晶 | $d_{36}=21$ |
| 石英 | $SiO_2$ | 单晶 | $d_{11}=2.3$ |
| 氧化锌 | $ZnO$ | 单晶 | $d_{33}=12$ |

## 9.2.2 压电传感的基本模式

根据不同形式的外加载荷,压电传感可以分为纵向挤压/拉伸、横向挤压/拉伸、纵向剪切、横向剪切等几种检测模式(见表9.5)。以纵向挤压/拉伸为例,当机械力 $F$ 纵向(即与极化平行方向)施加在单片压电陶瓷上时,会产生极化电荷 $Q$,可以表示为

$$Q = Fd_{33} \tag{9-12}$$

式中,$d_{33}$ 为极化方向的压电常数。当处于横向拉伸或挤压时,压电常数替换为与极化方向垂直的 $d_{31}$。此外,通过将多层压电传感器堆叠,可以进一步实现对悬臂梁弯曲变形的检测。根据悬臂梁的弯曲应变理论,当材料极化方向与力方向一致时,串联方式产生的极化电荷可以表示为

$$Q = \frac{3FL^2 d_{31}}{2T^2} \tag{9-13}$$

式中,$L$、$T$ 和 $W$ 分别为悬臂梁长度、厚度和宽度。串联方式检测灵敏度可以达到并联方式的两倍。

**表 9.5 压电传感的不同测量模式**

| 传感模式 | 计算模型 | 示意图 |
| --- | --- | --- |
| 纵向挤压/拉伸 | $Q = Fd_{33}$ | |
| 横向挤压/拉伸 | $\dfrac{Q}{LW} = \dfrac{Fd_{31}}{TW}$ | |
| 纵向剪切 | $Q = Fd_{15}$ | |

续表 9.5

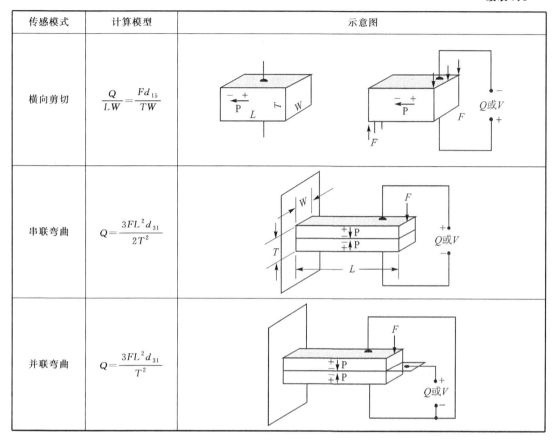

## 9.2.3 压电传感应用

利用压电效应对应变的响应可以制备出各类高灵敏度的传感器。水晶共振子依靠的是石英晶体的压电效应,在一个稳定的谐振频率下振荡。由于其材料较高的弹性模量,每个振荡周期的能量损失较少,可以以极高的稳定性保持振荡频率,因而常作为电路产生脉冲信号的晶振,用于驱动电路运行计算。此外,当水晶共振子质量发生微小变化时,振荡频率会立即产生明显变化,可用于对环境中气体分子的超精密检测(见图 9.8)。

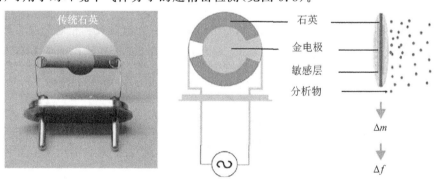

(a) 水晶共振子结构　　(b) 基于水晶共振子的气体分子传感

**图 9.8　基于水晶共振子的晶振和分子吸附应用**

陀螺仪(角加速度计)作为检测姿态、加速度和重力的重要部件,对设备的智能、便携和可移动化至关重要。MEMS陀螺仪利用科里奥利效应,常见的压电陀螺仪采用梳齿结构,在其上制备一层压电材料和电极,并利用逆压电效应激发梳齿形成稳定的振荡(见图9.9)。当传感器旋转或重力方向发生变化时,梳齿稳定的振荡在科里奥利力作用下会发生变形或振动频率变化,利用压电效应即可进一步检测获得角加速度或重力方向的变化,从而获取设备姿态。

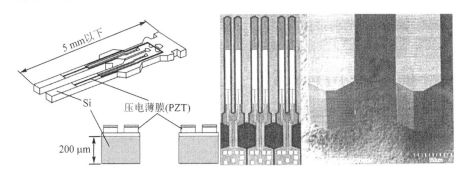

图 9.9 基于压电薄膜的 MEMS 角速度计

## 9.3 静电效应及其原理

### 9.3.1 电容传感的基本原理

电容式传感是一种基于电容耦合的技术,当传感器电极板间所形成的电容,因外界物质靠近、接触或变形而产生电容变化时,即可被电路检测进而获得传感数据。电容传感可以检测和测量任何导电或具有不同于空气的电介质的东西,应用在多种场合,包括检测和测量接近度、压力、位置和位移、力、湿度、液位和加速度的传感器。基于电容式传感的人机界面设备,如触摸板,可以取代电脑鼠标。电容式传感器也可以取代机械按钮,如数字音频播放器、移动电话和平板电脑都会使用电容式感应触摸屏作为输入设备。

由两平板电极构成的电容结构是 MEMS 中常见的传感器设计形式,如图 9.10 所示,其电容可表示为

$$C = \frac{\varepsilon_0 \varepsilon_r A}{x} \tag{9-14}$$

式中,$x$ 为压电材料厚度,$A$ 为截面积,$\varepsilon_0$ 和 $\varepsilon_r$ 分别为真空介电常数和相对介电常数。当电极间材料改变带来 $\varepsilon_r$ 变化,或两电极间距 $x$ 以及电容面积 $A$ 改变,其输出的电容或电压信号随

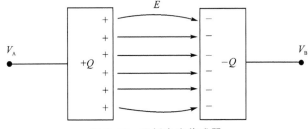

图 9.10 平板电容传感器

之改变。以极板间距 $x$ 改变为例,电容传感器灵敏度为

$$k = \frac{\Delta C}{\Delta x} = -\frac{\varepsilon_0 \varepsilon_r A}{x^2} \tag{9-15}$$

可看出,极板间距减小和电容面积增大可以提升传感器灵敏度,这为 MEMS 电容传感提供了优化设计方法。

### 9.3.2 电容传感的测量方法

典型 MEMS 电容式压力传感器如图 9.11 所示,通过刻蚀硅获得薄膜结构,将其与覆盖铝电极的玻璃基底键合,在硅薄膜与玻璃基底间形成电容。当外界气压变化时,硅薄膜变形改变电容极板间距,电容值变化大小即对应间距变化情况。

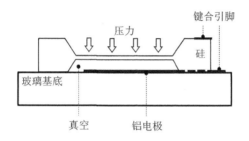

图 9.11 平板电容传感器

此外,利用人体皮肤与单电极表面形成的电容结构可实现人体接近传感功能,通过测量当人体靠近时电容器的容值变化,即可准确得到人体与电极之间距离,如图 9.12 所示。利用柔性材料、制备工艺获得的柔性接近传感器可进一步用于可穿戴等领域。

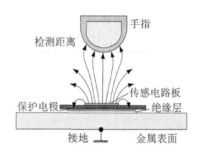

图 9.12 电容式接近传感器

电容测量与电阻类似,可以采用由电容构成的电桥电路来测量,包括单臂桥、差动桥和紧耦合桥等三种模式。以单臂桥和差动桥为例,单臂桥由被测量电容 $C_x$ 和三个固定电容构成桥电路(见图 9.13(a)),当 $C_1 = C_2 = C_3 = C$ 时,被测量电容变化 $\Delta C_x$ 导致输出电压 $\dot{U}_0$ 为

$$\dot{U}_0 = \frac{\Delta C_x}{4C} \dot{U} \tag{9-16}$$

式中,$\dot{U}$ 为电路输入电压。

当电容传感器设计为由两个电容检测,且对变形产生等值反向变化时,可以将其布置为差动电路(见图 9.13(b)),即 $C_1 = C_2 = C$ 和 $\Delta C_1 = -\Delta C_2 = \Delta C$。工作时电桥失去平衡,且电容变化量 $\Delta C$ 越大,不平衡电桥输出电压 $\dot{U}_0$ 也越大,两者亦呈线性关系,可以表示为

$$\dot{U}_0 = \frac{\Delta C}{C}\dot{U} \tag{9-17}$$

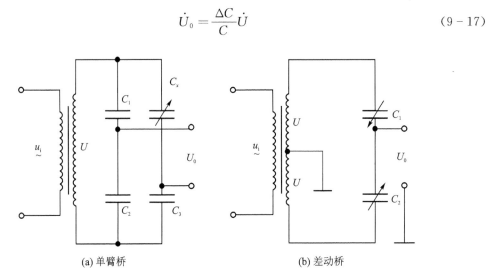

图 9.13 电容测量电桥电路

## 练习题

**9.1** 对比压阻、压电和静电三种传感方式的优缺点,举例说明它们所适合的应用场景。

**9.2** 图 9.14 所示为由单晶硅微机加工的体式加速度计,其质量块的质量为 $m = 1.845$ mg,梁的尺寸是 $L=280$ μm, $h=4$ μm, $w=20$ μm。这四根梁的总弹簧常数为 $K_总=40$ N/m。压敏电阻被集成到梁的最大应力位置,通过电阻的电流在应力方向([110]方向,$E=170$ GPa)。压敏电阻是 p 型硅,$\pi_l=70\times10^{-11}$ Pa$^{-1}$。两个参考传感器被用来组成惠斯通电桥电路。如果电桥的偏压为 2.5 V,估算其灵敏度(mV/G)。

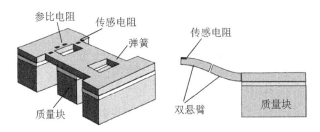

图 9.14 习题 9.2 示意图

**9.3** 图 9.15 所示为采用电容传感的加速度计。小质量块与电容器的上板的总质量为 10 g,梁的厚度 $e=1$ mm,宽度 $b=2$ mm,由硅制成。梁的总长度(从质量中心到固定点)是 $c=20$ mm,板块之间的距离 $d=2$ mm,电容板的面积为 10 mm×10 mm,并假设硅的最大应变不能超过 1%,①计算硅弹性模量设为 150 GPa,传感器所能承受的加速度范围;②电容下板与上板之间最小距离为 0.1 mm,计算①中加速度范围内的电容变化范围;③计算传感器灵敏度,单位为 pF/m/s$^2$。

# 第9章 典型的 MEMS 传感原理

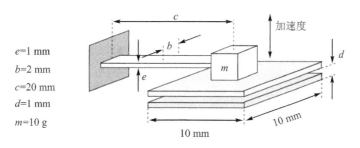

$e=1$ mm
$b=2$ mm
$c=20$ mm
$d=1$ mm
$m=10$ g

图 9.15 习题 9.3 示意图

**9.4** 压电微机电系统可以从环境振动中获取小量级的能量，图 9.16 显示了用于 MEMS 压电能量收集器的单形态悬臂梁，根据表 9.6 所列不同压电材料特性，分析哪种压电材料最适合用于压电 MEMS 能量储存器，为什么？

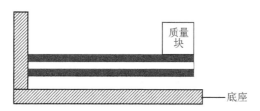

图 9.16 习题 9.4 示意图

表 9.6 习题 9.4 压电材料参数表

| 材　料 | 弹性模量 /GPa | 耦合系数 | 压电常数 $d_{33}/(\text{pm} \cdot \text{V}^{-1})$ | 压电常数 $d_{31}/(\text{pm} \cdot \text{V}^{-1})$ |
|---|---|---|---|---|
| 聚偏二氟乙烯(PVDF) | 2 | 0.2 | −33 | 23 |
| 锆钛酸铅(PZT) | 63 | 0.6 | 593 | −274 |
| 氧化锌(ZnO) | 210 | 0.075 | 11.37 | −5.42 |

# 第 10 章　微系统设计：MEMS 压力传感器

压力传感器是最典型的基于微机电系统加工技术的产品，随着微纳制造技术的发展，压阻式、电容式、谐振式、光纤式等多种机理的压力传感器先后出现。目前，压力传感器正向集成化、耐高温化的方向发展。本章将以各种压力传感器的设计原理与加工方法为例，介绍半导体集成加工技术的应用。

## 10.1　微系统设计的基本方法

基于前述的 MEMS 制造工艺知识、微纳工程力学知识和主要的 MEMS 传感原理，我们已完成了 MEMS 器件设计的知识储备。微系统设计和传统机械产品设计上的主要区别是：微系统设计更需要集成相关的加工工艺、测量电路、封装方法等各个方面。机械设计中很多零件的设计虽然也需要考虑可制造性，然而很多零件（如齿轮、轴承、紧固件等）都已标准化，一定程度上降低了系统设计中对工艺的思考。而微系统器件是高度集成化的机电一体化结构，加工工艺中包含对高温或者苛刻的物理化学处理，这些工艺会对微系统的性能产生很大的影响，所以必须在设计时予以考虑。

通常微系统设计有三个任务是交互联系在一起的：工艺流程设计、机电结构设计和封装测试设计。这种设计的复杂性是微系统设计周期长、难度大的主要原因，因为很少有工程师在这种多学科的实践方面有足够丰富的知识和经验。

微系统设计的必要组成部分如图 10.1 所示。从框图中我们可以看出，一旦产品的功能和性能被确定，一系列特定的问题都要考虑到。这些特定问题包括：

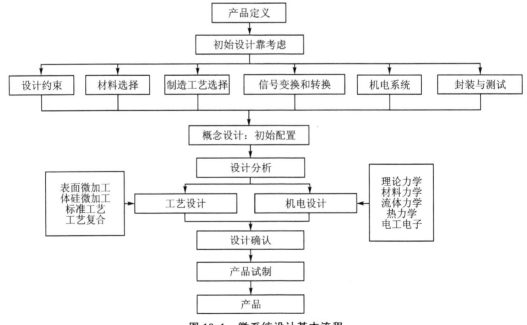

图 10.1　微系统设计基本流程

1) 设计约束。包括:客户需求、进入市场的时间、环境条件、物理尺寸限制、应用需求、成本等。

2) 材料选择。包括衬底材料、传感材料、封装材料等。

3) 制造工艺选择。需要选择体硅微加工工艺、表面微加工工艺或者复合微加工工艺等。

4) 信号变换和转换。需要选择压阻、压电、电容、谐振式等不同的传感和驱动原理。

5) 机电系统。需要考虑传感器的基本结构,对连接微机械结构和电子系统的接口进行评估。

6) 产品封装与测试。需要考虑晶圆级封装、芯片级封装等不同的封装形式,需要分析电路接口、信号调节和处理、产品可靠性和性能测试等。

## 10.2 压阻式压力传感器

### 10.2.1 压阻式压力传感器设计

基于硅压阻效应,可以直接测量膜片受压后的变形情况。目前商业化的压力传感器中,硅压阻原理的传感器占主导。为此,我们以压阻式压力传感器为例进行微机电设计方面的分析。

压阻式压力传感器是利用硅等半导体的压阻效应,通过在感性膜片上形成压敏电阻构成的压力传感器,其基本结构如图 10.2 所示。其中,$R_1$ 和 $R_3$ 可以看作径向应变计(垂直于膜片边缘),而 $R_2$ 和 $R_4$ 可以看作切向应变计(与膜片边缘平行)。四个压阻单元都沿着<110>方向。

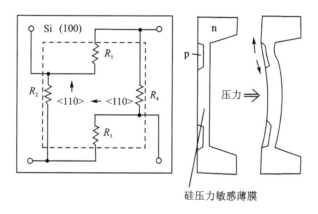

图 10.2 压阻式压力传感器原理

对硅加工的压力传感器来说,压阻单元一般沿着<110>方向,该方向上压阻单元的纵向压阻系数 $\pi_l$ 和横向压阻系数 $\pi_t$ 分别为

$$\pi_{l,110} = \frac{1}{2}(\pi_{11} + \pi_{12} + \pi_{44})$$

$$\pi_{t,110} = \frac{1}{2}(\pi_{11} + \pi_{12} - \pi_{44})$$

可知,p 型硅<110>方向纵向压阻系数高达 $71.8 \times 10^{-11}\text{ Pa}^{-1}$,而横向压阻系数为 $-66.3 \times 10^{-11}\text{ Pa}^{-1}$。与之相比,n 型硅在<110>方向上纵向压阻系数仅为 $\pi_{11} = 6.6 \times 10^{-11}\text{ Pa}^{-1}$。

我们知道，这4个压阻单元都收到纵向应力和横向应力。根据受力的对称性，施加在 $R_1$ 和 $R_3$ 上的纵向应力，与施加在 $R_2$ 和 $R_4$ 上的横向应力相等，反之亦然。且由于在膜片边缘处切向应变为零，径向应力和切向应力满足：

$$\sigma_t = \nu \sigma_r$$

假设施加在某个压阻单元上的应力是均匀的（不考虑沿压阻单元面内和厚度方向上的应力不同），对径向压阻单元 $R_1$ 和 $R_3$ 来说，其电阻的变化率可以表示为

$$\frac{\Delta R_r}{R_r} = \pi_l \sigma_r + \pi_t \sigma_t + \alpha_T \Delta T = (\pi_l + \nu \pi_t) \sigma_r + \alpha_T \Delta T$$

对切向压阻单元 $R_2$ 和 $R_4$ 来说，其电阻的变化率可以表示为

$$\frac{\Delta R_t}{R_t} = \pi_l \sigma_t + \pi_t \sigma_r + \alpha_T \Delta T = (\nu \pi_l + \pi_t) \sigma_r + \alpha_T \Delta T$$

式中，$\sigma_r$ 为径向应力，$\sigma_t$ 为切向应力，$\alpha_T$ 为电阻率的温度系数，$\Delta T$ 为温度变化。

设计初始压阻单元 $R_1 = R_2 = R_3 = R_4 = R_0$，代入横向和纵向压阻系数和单晶硅在 <110> 方向上的泊松比 ($\nu = 0.064$) 可得：

$$\frac{\Delta R_1}{R_0} = \frac{\Delta R_3}{R_0} = (67.6 \times 10^{-11}) \sigma_r + \alpha_T \Delta T \tag{10-1}$$

$$\frac{\Delta R_2}{R_0} = \frac{\Delta R_4}{R_0} = -(61.7 \times 10^{-11}) \sigma_r + \alpha_T \Delta T \tag{10-2}$$

可见，在受均布压力载荷的条件下，可用全桥惠斯通电桥来进行信号测量。

考虑如图10.2所示的惠斯通电桥。基于式(10-1)和式(10-2)，我们可以把4个压阻单元的实际电阻写为

$$R_1 = R_3 = (1 + \alpha_1) R_0$$
$$R_2 = R_4 = (1 - \alpha_2) R_0$$

则电压输出为

$$\frac{V_o}{V_s} = \frac{R_1 R_3 - R_2 R_4}{(R_1 + R_2)(R_3 + R_4)} \approx \frac{\alpha_1 + \alpha_2}{2(1 + \alpha_1 - \alpha_2)}$$

由于 $\alpha_1$ 和 $\alpha_2$ 差别很小（相差在10%以内），所以利用惠斯通电桥可以实现大的灵敏度和良好的线性度。

当进一步考虑传感器的温度漂移时，我们要考虑电阻率的温度系数 $\alpha_T$，也要考虑压阻系数的温度系数。因涉及的内容比较复杂，在此不作赘述，感兴趣的读者可以进一步阅读 *Microsystem Design*（Stephen D. Senturia 著）等书籍。

## 10.2.2 压阻式压力传感器案例

日本东北大学的 M. Esashi 等人利用体硅加工和阳极键合工艺，开发了一种基于 n 型单晶硅膜片的压阻式传感器。n 型硅在 <100> 晶向上，其压阻系数高达 $-102.2 \times 10^{-11}$ Pa$^{-1}$，因而具有更灵敏的压阻效应，单晶硅膜片压阻式压力传感器的主要工艺流程如图10.3所示。这种工艺设计可实现集成电路和 MEMS 传感膜片的晶圆级封装。

在20世纪80年代中期，多晶硅开始在传感器领域成为人们关注的焦点，有人提出多晶硅

压力传感器的概念,其工艺采用力学性能优良的双抛光单晶硅膜片为衬底,热氧化生长一层致密的 $SiO_2$ 介质膜来代替传统扩散硅压力传感器中的 P-N 结,实现电隔离;然后在 $SiO_2$ 绝缘层上采用低压气相淀积法制备多晶硅膜作为压阻材料,经硼离子注入掺杂、干法刻蚀构成惠斯登应变电桥。与其他高温压力传感器相比,多晶硅高温压力传感器具有 Poly-Si 薄膜工艺简单成熟、与 IC 平面工艺兼容、易于进行微机械加工、芯片易于批量制作等突出优点。但多晶硅高温压力传感器的压敏电阻与应力膜片为复合膜结构,会因不同材料的热膨胀系数不匹配引起附加应力,影响传感器的高温特性。

SOI(silicon on insulator)是新兴的半导体材料,SOI 材料的特殊结构使之成为制作新型压力传感器的理想材料。SOI 器件由于采用绝缘介质隔离,器件与衬底之间不存在电流通道,消除了体硅电路中常见的门锁效应,因此提高了电路的可靠性。SOI 材料的特殊结构使它克服了传统体硅材料的不足,因此具有良好的抗辐射特性及抗软失效能力,并可以抑制或消除体硅器件因特征尺寸减小而产生的各种不良效应。SOI 单晶硅压力传感器工艺是标准的集成电路平面工艺,这样就可以实现工作于恶劣环境的单片智能测压系统。国外已有研制成功的 SOI 单晶硅压力传感器,如美国 Kulite 公司采用 BESOI 技术开发出超高温的压力传感器 XTEH-10LAC-190(M)系列,工作温度为 −55~480 ℃。

SiC 材料作为第三代直接跃迁型宽禁带的半导体材料,具有宽禁带结构、高击穿电压和较高热导率等特点,以及优良的抗辐射性能和高温稳定性,这些特性使它在高温器件的制造中具有明显的优势。目前 SiC 高温压力传感器的研究是一个非常热门的领域。第一代产品是 3C-SiC,新一代产品是美国 Kulite 传感器公司的 6H-SiC 高温压力传感器,可工作于 500 ℃。

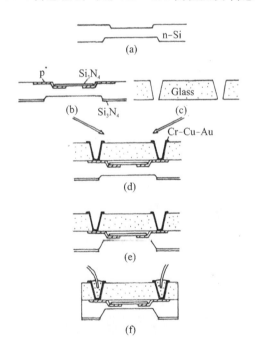

图 10.3　日本东北大学单晶硅膜片压阻式压力传感器工艺流程

## 10.3 其他 MEMS 压力传感器

### 10.3.1 电容式压力传感器

电容式压力传感器测量原理和结构较为简单,其以半导体工艺制作的 Si、Poly-Si、SiC 等薄膜作为敏感元件,薄膜受压力作用产生一定的变形,使得上下电极之间的距离发生变化,进而反映为电容的变化。其缺点是输出存在非线性,寄生电容和分布电容影响灵敏度和测量精度,需设计补偿电路作非线性校正。与压阻式压力传感器相比,电容式压力传感器灵敏度高,过载能力强,对高温、辐射、强振等恶劣条件适应性好,特别是基于 SiC 等耐高温材料的电容式压力传感器具有耐高温、耐化学腐蚀的特点,成为目前研究的热点领域。美国凯斯西储大学(CWRU)的 DarrinYoung 教授等在半径 100 mm 的硅衬底上采用 PVD 法外延生长 3C-SiC 薄膜,开发出单晶 3C-SiC 电容压力传感器(见图 10.4),用于 400 ℃高温下的压力测量,在压力范围 1 100~1 760 Torr 之间具有较好的线性响应,灵敏度为 7.7 fF/Torr。

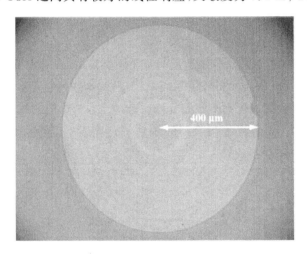

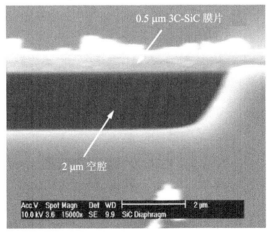

图 10.4 美国 CWRU 开发的 SiC 耐高温电容式压力传感器的实物图

## 10.3.2 硅谐振压力传感器

谐振式压力传感器利用压力变化来改变物体的谐振频率,从而通过测量频率变化来间接测量压力。硅微结构谐振梁(膜)式压力传感器不仅具有体积小、质量轻、功耗低、响应快、与大规模集成电路工艺兼容、易于批量生产等优点,而且它比常用的压阻式压力传感器以及其他模拟式压力传感器具有更高的精度和更好的长期稳定性。目前最成功的谐振式压力传感器当属横河电机硅谐振压力传感器,其结构如图 10.5 所示。它采用 3-D 半导体微机械加工技术制作而成,在传感器上微加工两个 H 型振子,两个振子均具有高频输出。施加压力时,H 型振子同时受力,一个受到压力,另一个受到拉力,谐振频率发生相应的变化,从而产生与作用压力直接成比例的高差压输出(kHz)。

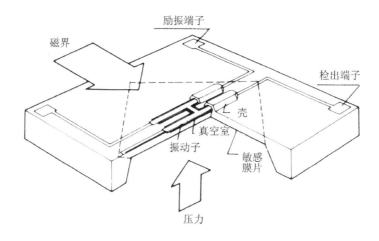

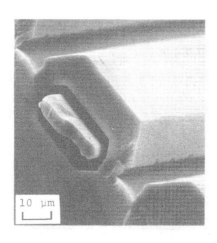

图 10.5 日本横河电机的硅谐振传感器结构示意图

## 10.3.3 光纤式压力传感器

光纤传感器是以光波为载体、光纤为媒介的新型传感器。光纤 MEMS 压力传感器的研究始自 20 世纪 70 年代,起初主要是以光强度调制为理论基础开展研究的,即当外界因素作用于光纤时,光纤内调制光的相位、频率、强度等发生变化,进而反映出外界压力变化,但制作难度大,成本高,测量精度低。20 世纪 80 年代开始,研究工作主要集中在基于法布里—珀罗干涉仪的光纤压力传感器,该类传感器对光源功率波动和光纤损耗变化不敏感,而且分辨率高、动态测量范围大,但该类传感器存在温度交叉敏感。日本东北大学开发的基于白光干涉原理的光纤压力传感器直径仅 125 mm,其 $SiO_2$ 压力感应膜片由化学气相沉积工艺制作而成,并通过键合工艺实现与光纤端部的连接,已经成功应用于动物血压测量,其检测原理与结构如图 10.6 所示。基于新型耐高温材料的光纤压力传感器是极具潜力的发展方向,Pulliam Wade 等开发了基于 Si 薄膜的光纤压力传感器,可在 600 ℃的环境中工作。利用光纤传感技术实现温度、压力多参数组合测量是光纤传感器发展的重要方向之一。

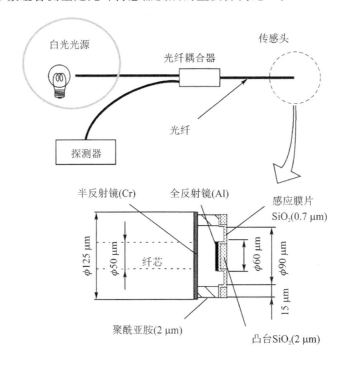

图 10.6　日本东北大学光纤式压力传感器检测原理与结构图

## 练习题

**10.1**　微系统设计包含哪些内容?它与集成电路设计有哪些方面的区别?

**10.2**　在压力传感器中,在圆形(100)硅膜片(见图 10.7)的边缘处布置有四个应变计($\Delta R_{el,1}$, $\Delta R_{el,2}$, $\Delta R_{el,3}$, $\Delta R_{el,4}$)。这些应变计被连接成惠斯通电桥。应变计通过硅膜片的 p 掺杂制造并且平行于<110>方向布置。

压阻效应平行和垂直于导路发生。单个应变计的电阻相对变化 $\Delta R_{el}/R_{el}$ 为

$$\frac{\Delta R_{el}}{R_{el}} = \pi_l \sigma_l + \pi_t \sigma_t$$

其中,$\pi_l$ 和 $\pi_t$ 分别表示平行和垂直于导路的压阻系数,而 $\sigma_l$ 和 $\sigma_t$ 分别表示平行和垂直于导路的应力。由于导路平行于<110>方向,压阻系数为 $\pi_l = -66 \times 10^{-11} Pa^{-1}$ 和 $\pi_t =$

$72 \times 10^{-11} \mathrm{Pa}^{-1}$。

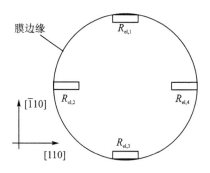

图 10.7 习题 10.2 图

1) 导出电阻变化 $\Delta R_{\mathrm{el},1}/R_{\mathrm{el},1}$ 和 $\Delta R_{\mathrm{el},3}/R_{\mathrm{el},3}$ 以及电阻变化 $\Delta R_{\mathrm{el},2}/R_{\mathrm{el},2}$ 和 $\Delta R_{\mathrm{el},4}/R_{\mathrm{el},4}$ 的表达式(不需要代入数值)。考虑到当圆形膜片承载压力差 $\Delta P$ 时,径向 $\sigma_R$ 和切向 $\sigma_T$ 力出现,圆形膜片的径向 $\sigma_R$ 和切向 $\sigma_T$ 应力方程如下(假设应变计到膜片中心的距离 $r$ 是膜片的半径 $R_M$):

$$\sigma_R = \frac{3}{8} \frac{\Delta p}{d_M^2} \left( R_M^2 (1+\nu_M) - r^2 (3+\nu_M) \right)$$

$$\sigma_T = \frac{3}{8} \frac{\Delta p}{d_M^2} \left( R_M^2 (1+\nu_M) - r^2 (1+3\nu_M) \right)$$

式中,$d_M$ 为膜片厚度,$\nu_M$ 为泊松比。

2) 作为近似,现在假设压阻系数的绝对值具有平均值 $\pi_m$:

$$\pi_l \approx -\pi_t = \pi_m = 69 \times 10^{-11} \mathrm{Pa}^{-1}$$

利用这种近似,电阻变化之间适用以下相互关系:

$$\frac{\Delta R_{\mathrm{el},1}}{R_{\mathrm{el},1}} = \frac{\Delta R_{\mathrm{el},3}}{R_{\mathrm{el},3}} \approx -\frac{\Delta R_{\mathrm{el},2}}{R_{\mathrm{el},2}} = -\frac{\Delta R_{\mathrm{el},4}}{R_{\mathrm{el},4}} = \frac{\Delta R_{\mathrm{el}}}{R_{\mathrm{el}}}$$

设供电电压为 $U_0$,基于1)中所得,描述压力传感器特性曲线的方程,即膜片压力差与输出电压的函数关系。

3) 基于2)中所得,计算在 150 kPa 压差下的输出电压 $U_m$。供给电压 $U_0 = 10$ V。硅膜片的半径 $R_M = 400\ \mu m$,厚度 $d_M = 25\ \mu m$,硅的泊松比 $\nu_M = 0.23$。

# 第 11 章 微驱动器的原理和应用

微驱动器和微执行器也是微机电系统技术的重要应用方向。本章首先介绍驱动器的分类与原理,包括压电驱动、静电驱动、电磁驱动、电热驱动、化学驱动、形状记忆合金、气/液压驱动等,并在此基础上,介绍各种驱动原理的典型应用案例。

## 11.1 微驱动器的分类与原理

微驱动器是一种微观的伺服机械,为另一机构或系统的运行提供并传递一定的能量。对常规驱动器,其功能需求体现在行程、精度、响应速度和功耗等方面,而微驱动器在结构尺寸大小、一体化以及驱动方式上都有着更多的要求,也正因其尺度原因,很多常规驱动器中未能使用的驱动方式在微驱动器上得到应用。微驱动器按驱动原理可以分为压电驱动、静电驱动、磁驱动、热驱动、化学驱动、形状记忆合金和气/液压驱动等方式。实现的运动形式主要为弯曲变形、短距离直线运动及振动等,但也包括通过静电或微电磁线圈形成的旋转运动。

表 11.1 常见微驱动方式优缺点对比

| 微驱动方式 | 优 点 | 缺 点 |
| --- | --- | --- |
| 静电 | 响应快<br>低功耗<br>作用范围大 | 吸入效应<br>需要高电压 |
| 电磁 | 大驱动力<br>低驱动电压<br>作用范围大 | 功耗高<br>尺寸微型化受限<br>电磁干扰 |
| 压电 | 响应速度快<br>动作频率范围大<br>低功耗 | 可能漏电<br>存在滞回效应<br>柔性化难 |
| 电热 | 作用范围大<br>低驱动电压 | 功耗高<br>响应慢 |
| 化学 | 功耗低 | 响应慢<br>精度低 |

不同驱动方式因其能量来源与力作用方式不同,在响应速度、驱动力大小以及功耗等方面有着较大的区别,也极大地影响着它们的应用范围。典型驱动方式优缺点对比如表 11.1 所列。其中静电、电磁和压电等驱动方式都有着较快的响应速度。但电磁驱动中的电磁线圈制备受限于微纳制造工艺,难以实现微尺寸大驱动力。压电驱动因其材料具有较高的刚性,可以实现超高频率振动以及纳米级运动精度。电热驱动由于其制造简单、成本低和变形范围大等

优势,在各种自动化、半自动化系统中获得了广泛应用,但其存在着驱动定位精度低、响应速度慢、容易受环境温度变化影响等缺陷。化学驱动利用化学反应方式,可以通过少量的电、热等能量触发,在短时间内释放出较大的能量用于驱动或者变形,因而其驱动功耗低,但由于化学反应过程难以控制,因此其控制精度较低,响应也较慢。

## 11.2 微驱动器的案例

### 11.2.1 压电驱动

压电驱动来自逆压电效应,当压电材料在极化方向施加电压时,其会在两侧产生一个与电压大小成比例的位移,因而通过准确控制电压大小,可以实现精准调控位移的效果。此外,由于压电材料的高弹性模量特点,其变形响应非常迅速,因而在高频电压下可实现超高频机械振动。基于这些特点,压电驱动可用于产生超声波,可用于在 20 kHz 以上的超声波频率下产生数微米的冲程,可用于精准定位、振动抑制和高速开关等。

与压电传感模式相同,压电驱动也有多种模式,包括纵向、横向直线驱动(见图 11.1(a)和(b)),以及通过多层堆叠实现更大行程的驱动效果(见图 11.1(c))。通过将压电材料按相同极化方向堆叠,对其并联连接,则可实现一侧伸长一侧收缩的效果,达到弯曲变形驱动的目的;这种模式称为双压电晶片驱动(见图 11.1(d))。

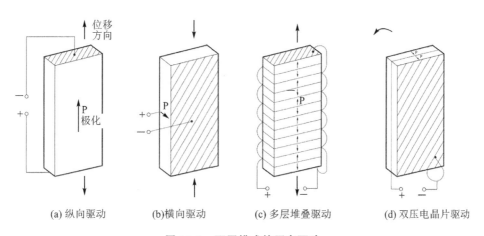

(a) 纵向驱动　　(b) 横向驱动　　(c) 多层堆叠驱动　　(d) 双压电晶片驱动

**图 11.1　不同模式的压电驱动**

由于堆叠压电材料得到的直线驱动距离仍然较小,因此可通过简单的连杆机构设计实现对运动的放大,典型驱动平台结构设计如图 11.2 所示。由于各部位变形量较小,因此连杆机构常采用柔性铰链设计,以实现高精度和高频响应的运动。

### 11.2.2 静电驱动

静电驱动来自两电极间在静电场作用下产生的吸附力,其吸附理论可通过平行电极来展示(见图 11.3)。根据平板电容模型,两平行电极间储存的静电势能 $E_e$ 与电极尺寸结构关系可以表示为

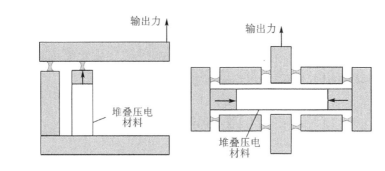

图 11.2 基于压电原理的驱动平台

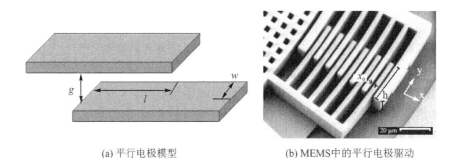

(a) 平行电极模型　　(b) MEMS中的平行电极驱动

图 11.3 静电驱动平行电极结构

$$E_e = \frac{1}{2}CV^2 = \frac{1}{2}\frac{\varepsilon_0(wl)}{g}V^2 \tag{11-1}$$

其中,$\varepsilon_0$ 为介电常数;$V$ 为极板间电压;$C$ 为极板间电容;$l$,$w$ 和 $g$ 分别为平行电极重叠部分的长、宽和间隙距离。由于静电吸附作用,两电极趋向于进一步重叠和靠近减小间距,则其 $l$、$w$ 和 $g$ 方向的力可以分别表示为

$$F_l = \frac{\partial E_e}{\partial l} = \frac{1}{2}\frac{\varepsilon_0 w}{g}V^2 \tag{11-2}$$

$$F_w = \frac{\partial E_e}{\partial w} = \frac{1}{2}\frac{\varepsilon_0 l}{g}V^2 \tag{11-3}$$

$$F_g = \frac{\partial E_e}{\partial g} = -\frac{1}{2}\frac{\varepsilon_0 wl}{g^2}V^2 = -\frac{1}{2}\frac{\varepsilon_0 A}{g^2}V^2 \tag{11-4}$$

为了提升静电驱动作用力,两电极可以制作成梳齿结构,交错排列的电极在减小电极间隙 $g$ 的同时,极大地提升了重叠面积 $A$,从而提升静电驱动效率。

典型的利用静电驱动的 MEMS 器件为投影仪的核心显示部件——数字微镜器件(Digital Micromirror Device,DMD),芯片表面有几十万个微镜面,排列成一个矩形阵列,与要显示的图像像素相对应(见图11.4)。镜子可以单独旋转(±10~12°),进入开启或关闭状态。在开启状态下,来自投影仪灯泡的光线被反射到镜头中,使像素在屏幕上显得明亮。在关闭状态下,光线被引向其他地方,使像素看起来很暗。为了产生灰度,镜子被快速地打开和关闭,打开时间和关闭时间的比例决定了产生的灰度(二进制脉宽调制)。DMD 镜面由铝制成,直径约为 $17~\mu m$。每个镜面都安装在一个轭上,而这个轭又通过顺应的扭转铰链连接到两个支撑柱上,轴在两端固定,在中间扭动。由于其尺寸处于微米尺度,铰链疲劳寿命极长,即使是 1 万亿

($10^{12}$)次操作也不会造成明显的损坏。测试还表明,有 DMD 的上层结构做缓冲,铰链不会被常见的冲击和振动所损坏。

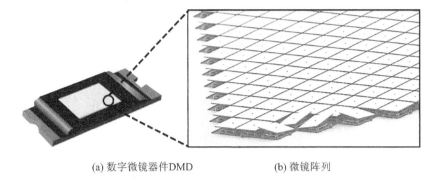

(a) 数字微镜器件DMD　　　　(b) 微镜阵列

图 11.4　DMD 阵列

DMD 中每个微镜通过两对电极的静电吸引来控制偏转,每一对在铰链的两侧各有一个电极,其中一对作用于轭,另一对直接作用于镜子(见图 11.5)。大多数情况下,两边同时施加相等的偏置电荷,可以将镜子保持在其当前位置。此时如果镜子已经倾斜,则倾斜这一侧因为电极间隙更小,静电引力更大,所以能够保持倾斜状态。为了移动镜子,所需的状态首先被加载到位于每个像素下面的静态随机存储器(Static Random Access Memory,SRAM)单元中,通过 SRAM 与电极相连。当所有的 SRAM 单元加载完成时,偏置电压被移除,SRAM 单元的电荷开始移动镜子。当偏置电压恢复时,镜子再次被固定在位置上,下一个需要的运动可以被加载到存储单元。

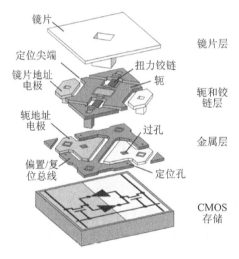

图 11.5　单个 DMD 的结构

## 11.2.3　电磁驱动

电磁型微驱动器是以电磁力作为驱动力的微驱动器,电磁力一般在载流线圈和磁性材料(软磁铁或者永磁铁)之间,或者永磁体和软磁体相互作用时产生。在电磁力的作用下会产生一定的位移,从而实现微驱动器的电磁驱动。

电磁型微驱动器属于非接触式驱动,具有原理简单、工作电压小、驱动力和位移大以及操纵灵敏等特点。但是,由于电磁型微驱动器必须具备磁性材料和线圈,涉及三维微加工技术,因此对 MEMS 制造技术要求高,同时线圈的小型化具有一定的困难。图 11.6 所示是一个典型的电磁微驱动器模型,当电磁线圈通电时,电磁线圈和永磁体之间相互吸引,从而带动聚合物薄膜发生变形,实现驱动功能。

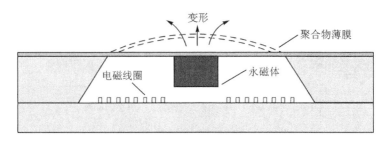

图 11.6 电磁微驱动器模型

电磁驱动微扫描仪是电磁驱动的典型应用案例,通过电磁场精确控制镜片的偏角来控制光束的偏转方向。图 11.7 所示为二维电磁驱动微扫描仪的示意图。该装置由具有多匝线圈的外部框架和内部扫描镜组成。对电磁驱动微扫描仪施加 45°的外部磁场,外部框架在磁场的作用下实现绕 $x$ 轴的慢速扫描,内部扫描镜则通过外部框架在刺激作用下产生的摇摆运动,实现沿 $y$ 轴的快速扫描运动。

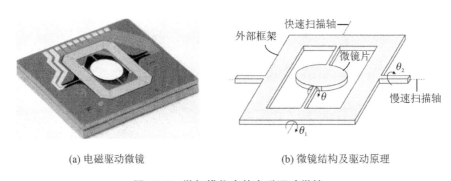

(a) 电磁驱动微镜  (b) 微镜结构及驱动原理

图 11.7 微扫描仪中的电磁驱动微镜

## 11.2.4 电热驱动

典型的电热微驱动器分为双金属热驱动和热膨胀驱动,工作原理都是利用了材料的热胀冷缩。双金属热驱动型微驱动器将热膨胀系数不同的两种或多种材料粘合在一起,利用材料在温度变化时的热膨胀程度不同产生弯曲变形。图 11.8 所示为双金属热驱动的示意图,上层部分是由热膨胀系数较大的金属材料组成的驱动层,下层部分是由较低膨胀系数的金属材料或单晶硅形成的偏置层。当整体结构受热时,驱动层和偏置层受热膨胀,但是由于驱动层的膨胀系数更大,整体悬臂梁结构被驱动层向下压迫偏转,实现驱动。

图 11.9 所示为利用双金属热驱动原理制作的微反射镜装置,通过电热驱动微反射镜的角度偏转实现了对光束的转向控制以及动态聚焦。

热膨胀驱动又分为冷热臂型微驱动器和 V 形微驱动器。图 11.10 所示为冷热臂型电热

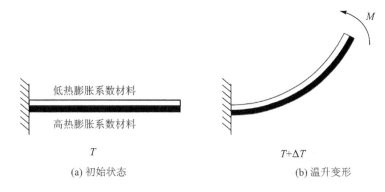

(a) 初始状态　　　　　　　　　(b) 温升变形

**图 11.8　双金属热驱动示意图**

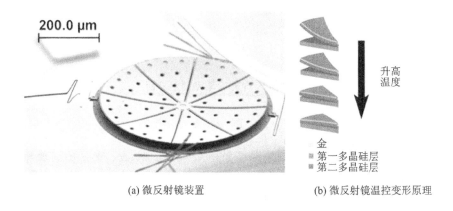

(a) 微反射镜装置　　　　　　　　(b) 微反射镜温控变形原理

**图 11.9　双金属热驱动微反射镜装置**

驱动器的基本结构，该类型驱动器由两个材料、长度相同但宽度不同的膨胀臂组成，采用一端固定，另一端自由的结构形式，由于宽度不同，因此上方热臂的电阻阻值要大于下方冷臂。当通入电流时，在相同时间内，热臂会产生更大的热量，从而发生更大的膨胀变形，因此导致整体结构的弯曲更偏向于冷臂一侧，进而形成驱动力。

V形微驱动器是另外一种广泛使用的平面内电热驱动器，与冷热臂型微驱动器不同，该类型驱动器的驱动依赖于结构中的热膨胀总量，并且膨胀被限制在线性的方向上产生位移。如图 11.11 所示，两根长

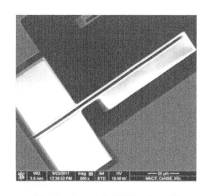

**图 11.10　冷热臂型微驱动器**

度相等的倾斜梁在顶端以一定的角度连接，另一端固定在基底上，对称布置的驱动梁形成单一的传导路径，当电阻被加热时，驱动梁产生热膨胀，因此顶端被向前推动。V形微驱动器的关键设计参数是梁的长度和倾斜角度，顶端的位移量与温度和梁的长度成正比，与梁的宽度成反比，同时更小的倾角可以获得更大的位移，但是当倾角低于临界极限时，驱动梁容易发生平面外的屈曲。

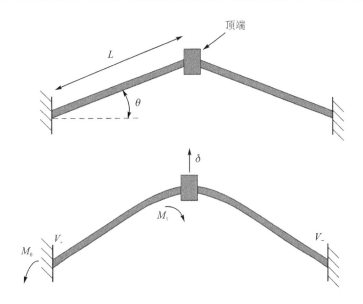

图 11.11　V 形微驱动器示意图

## 11.2.5　形状记忆合金(SMA)驱动微机器人

形状记忆合金(SMA)微驱动器利用某些特殊金属的形状记忆效应来实现驱动。普通金属在应变超过自身屈服极限之后就会产生塑性变形，发生不可逆变形。而形状记忆合金却能够通过改变温度产生相变，从而使塑性变形恢复到初始状态，这就是所谓的形状记忆效应。与其他类型的微驱动器相比，SMA 微驱动器具有输出力矩大、体积小、结构简单、重量轻、易于集成的优势。但是 SMA 微驱动器依靠温度的变化来驱动，而热变化的过程相对较慢，因此其响应速度较慢。

图 11.12 所示为一种典型的 SMA 微驱动器所组成的弯曲机构，一般用于制作一种血管内窥镜机器人。在该机构中，三组 SMA 线圈微驱动器圆周排列固定在不锈钢线圈和内管之间。当 SMA 线圈被电流加热至其相变温度时，SMA 线圈收缩，从而带动整个机构弯曲。

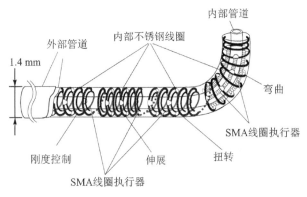

图 11.12　SMA 微驱动器弯曲机构

图 11.13 所示为 NiTi 形状记忆合金在心血管支架方面的应用。NiTi 合金具有形状记忆性、超弹性、良好的生物相容性和耐腐蚀性，是最早被用于制作植入式支架的材料。NiTi 合金

形状记忆支架的相变温度被设置在 30～37 ℃,在支架被植入前,利用高温将其定型成所需的直径,并在低温状态下压缩成收缩状态,置于导管内部。当支架被安装到指定位置后,在体温的作用下支架自行展开到预定直径并支撑血管,从而简化支架扩张装置。

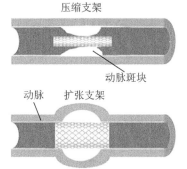
(a) SMA血管支架工作原理

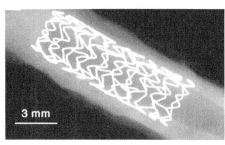
(b) SMA血管支架CT照片

**图 11.13　基于 SMA 微驱动的血管支架**

## 11.2.6　流体驱动微机器人

流体驱动微机器人通过在结构中充入流体,利用流体的压力使结构发生变形或者运动,从而实现驱动。流体驱动微机器人具有结构简单、质量轻、自由度高等优势,能够改变自身结构和形态来适应复杂多变的外部环境,同时不易损伤所抓取物体表面。但是由于机器人内部不具有支撑结构,因此,流体驱动微机器人的末端承载能力非常有限。

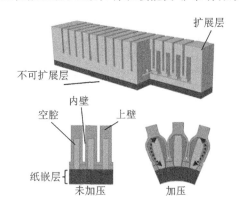

**图 11.14　气体驱动微机器人结构及原理**

图 11.14 所示为气体驱动微机器人的结构示意图,该微机器人由可延展的顶层和不可延展的底层组成,其中可延展的顶层由单通道连接的多个腔室所组成,其中腔室的侧壁比其他外壁的厚度更薄,表面积更大。因此,当腔室内部充入气体时,腔室内部压力增加优先使侧壁膨胀,同时,相邻的侧壁也开始膨胀,导致顶部可延展层变形,由于顶层和底层的可延展性不同,致使整个微机器人发生弯曲变形。图 11.15 所示为该气体驱动微机器人在不同加压速率下的运动状态。当以较高的速率对机器人进行加压时,驱动器优先在头部发生弯曲变形;当加压的速率较低时,该驱动器则产生更为均匀的弯曲变形。

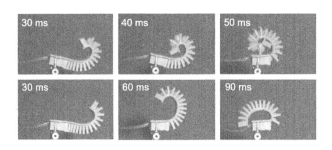

图 11.15　气体驱动微机器人工作过程

## 11.2.7　化学驱动

化学驱动微驱动器的力或者位移是通过内部试剂的化学反应获得的。航天领域的固体燃料微推进器是采用化学驱动的典型案例,该类型微推进器具有结构简单、制造方便、无液体燃料的泄漏等优势被广泛应用。图 11.16 所示为固体燃料微推进器的结构示意图。推进器由微喷嘴、微点火器、推进剂室和推进剂组成,工作原理为:电流流经微点火器,微点火器的温度升高,当温度到达推进剂的点火温度时,推进剂被点燃,剧烈燃烧产生的高温高压的燃烧气体冲破介电薄膜从微喷嘴喷出,产生推力。

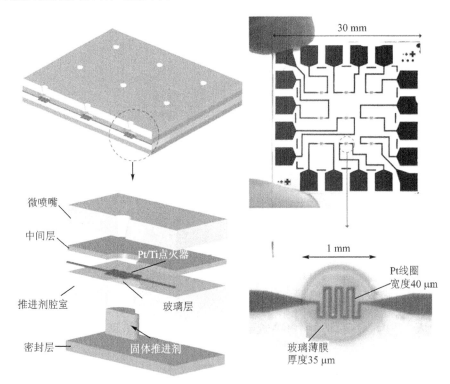

图 11.16　固体燃料微推进器结构示意图

图 11.17 所示为化学驱动的仿生章鱼微机器人。该微型机器人通过软光刻技术、多材料嵌入式 3D 打印技术制作而成:通过软光刻技术制作该章鱼微机器人的主要身体结构,通过多材料嵌入式 3D 打印技术在身体内部打印出能够维持自身形状和位置的特殊墨水,再通过加

热蒸发的方式,将打印的墨水材料去除,形成中空的控制网络。驱动该章鱼微型机器人的动力来自过氧化氢溶液。通过微流控技术,当过氧化氢溶液接触到预先植入内部中空网络中的铂时,过氧化氢被催化分解成为氧气和水,分解产生的氧气使得压强突然增大,进而导致对应的一组臂舒展和膨胀。

基于电化学反应的微驱动原理与折纸技术相结合,可以实现更复杂的驱动控制,如图 11.18 所示。通过对纳米级铂金属薄膜进行可逆的电化学氧化还原,制造出了具有

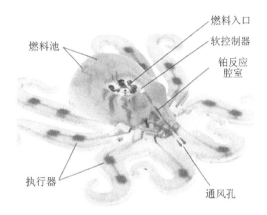

图 11.17　化学驱动的仿生章鱼微机器人

高循环性的电动控制微驱动器。当驱动器施加正电压时,铂表面被氧化,氧化铂使得驱动器结构发生膨胀变形;当施加负电压时,表面的氧化铂又被迅速还原,驱动器结构又恢复为初始状态。可在铂表面的特定位置处增加刚性基板,使其只在刚性基板的空隙处发生变形,从而形成预定的形状。

图 11.18　基于电化学驱动的微驱动器结构示意图

## 练习题

**11.1**　请描述生活中能见到的微机电系统的驱动应用,解释其驱动类型及驱动原理。

**11.2**　现需要实现 1 mm 直径薄片结构的旋转运动,采用哪种驱动方式比较合理,请结合示意图详细说明。

**11.3**　一根 1 mm 长、宽厚均为 50 μm 的悬臂梁,通过什么方案可以实现弯曲驱动? 柔性材料(如橡胶等)与刚性材料(如金属、硅基等)实现弯曲变形驱动,应当采用什么方案,它们驱动速度和驱动力等方面有什么区别?

**11.4**　现有一微驱动器需要实现每秒 10 000 次、幅度为 10 μm 的振动,哪类驱动方式能够满足要求?

**11.5**　结合第 9 章内容,什么样的驱动方式更容易实现驱动-感知一体化功能? 请绘图展示驱动-感知一体化设计方案。

# 参考文献

[1] 张德远,蒋永刚,陈华伟,等. 微纳米制造技术及应用[M]. 北京:科学出版社,2015.
[2] 苑伟政,乔大勇. 微机电系统(MEMS)制造技术[M]. 北京:科学出版社,2014.
[3] 田民波,李正操. 薄膜技术与薄膜材料[M]. 北京:清华大学出版社,2011.
[4] Senturia S, Senturia S D, Senturia S. Microsystem Design[M]. Springer US, 2001.
[5] 沃纳·卡尔·施默博格. 微系统设计导论[M]. 2版. 董瑛,等,译. 北京:清华大学出版社,2019.
[6] 徐滨士,刘世参. 表面工程技术手册[M]. 北京:化学工业出版社,2009.
[7] 刘昶. 微机电系统基础[M]. 2版. 黄庆安,译. 北京:机械工业出版社, 2013.
[8] 塞洛普·卡尔帕基安,史蒂文·R.施密德. 制造工程与技术——机加工[M]. 7版. 蒋永刚,等,译. 北京:机械工业出版社,2019.
[9] 刘恩科,朱秉升,罗晋升. 半导体物理学[M]. 西安:西安交通大学出版社,1998.
[10] 樋口俊郎. マイクロマシン技術総覧[M]. 東京:株式会社 産業技術サービスセンター,2003.
[11] 苑伟政,乔大勇. 微机电系统[M]. 西安:西北工业大学出版社,2011.
[12] Tai-Ran Hsu. 微机电系统封装[M]. 姚军,译. 北京:清华大学出版社,2006.
[13] 麻蒔立男. 超微細加工の基礎—電子デバイスプロセス技術(第2版)[M]. 東京:日刊工業新聞社,2011.
[14] 田文超. 电子封装、微机电与微系统[M]. 西安:西安电子科技大学出版社,2012.
[15] SUN S, WANG J, ZHANG M, et al. Eye-Tracking Monitoring Based on PMUT Arrays [J]. Journal of Microelectromechanical Systems, 2022, 31(1): 45-53.
[16] SIMEONI P, PIAZZA G. Enhanced Airborne Ultrasound WuRx Using Aluminum Nitride 4-Beam pNUTs Arrays [J]. Journal of Microelectromechanical Systems, 2022, 31(1): 150-7.
[17] YANDRAPALLI S, EROGLU S E K, PLESSKY V, et al. Study of Thin Film LiNbO$_3$ Laterally Excited Bulk Acoustic Resonators [J]. Journal of Microelectromechanical Systems, 2022, 31(2): 217-25.
[18] CHEN W, JIA W, XIAO Y, et al. Design, Modeling and Characterization of High-Performance Bulk-Mode Piezoelectric MEMS Resonators [J]. Journal of Microelectromechanical Systems, 2022, 31(3): 318-27.
[19] SHAO S, LUO Z, LU Y, et al. High Quality Co-Sputtering AlScN Thin Films for Piezoelectric Lamb-Wave Resonators [J]. Journal of Microelectromechanical Systems, 2022, 31(3): 328-37.
[20] LATHIA R, SEN P. JMEMS Letters Fabrication of Self-Sealed Circular Microfluidic Channels in Glass by Thermal Blowing Method [J]. Journal of Microelectromechanical Systems, 2022, 31(2): 177-9.
[21] ZHOU P, ZHANG T, SIMON T W, et al. Simulation and Experiments on a Valveless Micropump With Fluidic Diodes Based on Topology Optimization [J]. Journal of Micro-

# 参考文献

electromechanical Systems, 2022, 31(2): 292-7.

[22] ZHANG P, LI Y, REN C, et al. A MEMS Inertial SwitchWith Large Scale Bi-Directional Adjustable Threshold Function [J]. Journal of Microelectromechanical Systems, 2022, 31(1): 124-33.

[23] GAO C, ZHANG D. The Establishment and Verification of the Sensitivity Model of thePiezoresistive Pressure Sensor Based on the New Peninsula Structure [J]. Journal of Microelectromechanical Systems, 2022, 31(2): 305-14.

[24] ZHANG T, LIU R, YANG J, et al. A Micro-Force Measurement System Based on Lorentz Force Particle Analyzer for the Cleanliness Inspection of Metal Materials [J]. Journal ofMicroelectromechanical Systems, 2022, 31(1): 143-9.

[25] MA B, FIROUZI K, KHURI-YAKUB B T. Multilayer Masking Technology for Fabricating Airborne CMUTsWith Multi-Depth Fluidic Trenches [J]. Journal of Microelectromechanical Systems, 2022, 31(3): 393-401.

[26] SALIM M S, ABD MALEK M F, HENG R B W, et al. CapacitiveMicromachined Ultrasonic Transducers: Technology and Application [J]. Journal of Medical Ultrasound, 2012, 20(1): 8-31.

[27] Yunas, Jumril, et al. Polymer-based MEMS electromagnetic actuator for biomedical application: A review[J]. Polymers, 2020, 12(5): 1184.

[28] Arrasmith C L, Dickensheets D L, Mahadevan-Jansen A. MEMS-based handheld confocal microscope for in-vivo skin imaging[J]. Optics Express, 2010, 18(4): 3805-3819.

[29] Morrison, Jessica, et al. Electrothermally actuated tip-tilt-piston micromirror with integrated varifocal capability[J]. Optics express, 2015, 23 (7): 9555-9566.

[30] KumarV, Sharma N N. Design and Validation of Silicon-on-Insulator Based U Shaped Thermal Microactuator[J]. International Journal of Materials Mechanics & Manufacturing, 2014, 2(1): 86-91.

[31] Haga, Yoichi, et al. Active bending catheter and endoscope using shape memory alloy actuators[J]. Shape memory alloys. Rijeka, Crotia: Sciyo, 2010, 107-126.

[32] Moravej, Maryam, and Diego Mantovani. Biodegradable metals for cardiovascular stent application: interests and new opportunities[J]. International journal of molecular sciences, 2011, 12(7): 4250-4270.

[33] Mosadegh, Bobak, et al. Pneumatic networks for soft robotics that actuate rapidly[J]. Advanced functional materials, 2014, 24(15): 2163-2170.

[34] Kwon, Sung-Cheol, et al. Preliminary System Design of STEP Cube Lab. for Verification of Fundamental Space Technology[J]. Journal of the Korean Society for Aeronautical & Space Sciences, 2014, 42 (5): 430-436.

[35] ROTHEMUND P, AINLA A, BELDING L, et al. A soft, bistable valve for autonomous control of soft actuators[J]. Science Robotics, 2018, 3(16): eaar7986.

[36] Liu Q, Wang W, Reynolds M F, etal. Micrometer-sized electrically programmable shape-memory actuators for low-power microrobotics[J]. Science Robotics, 2021, 6 (52): eabe6663.